数学建模应用及探究

刘春红　著

文化发展出版社
Cultural Development Press
·北京·

图书在版编目（CIP）数据

数学建模应用及探究 / 刘春红著. -- 北京 : 文化发展出版社，2025. 5. -- ISBN 978-7-5142-4495-3

Ⅰ. O141.4

中国国家版本馆CIP数据核字第202417QE18号

数学建模应用及探究

刘春红　著

责任编辑：周　蕾　　执行编辑：王雅文
责任印制：邓辉明　　责任校对：侯　娜
封面设计：编舟逐浪
出版发行：文化发展出版社（北京市翠微路2号　邮编：100036）
网　址：www.wenhuafazhan.com
经　销：全国新华书店
印　刷：三河市金兆印刷装订有限公司

开　本：787mm × 1092mm　1/16
字　数：183千字
印　张：8.25
版　次：2025年5月第1版
印　次：2025年5月第1次印刷

定　价：69.80元
ＩＳＢＮ：978-7-5142-4495-3

◆ 如有印装质量问题，请电话联系：010-88275720

前 言

“深度学习”一词最早的提出者是马顿和萨乔。他们在研究中发现，学生在学习过程中处理信息存在不同水平，呈现浅层和深层的差异。当学生使用深层学习策略时能关注到文章主题和主要观点，学习过程表现为理解和迁移。学生运用常规思维和非常规思维，将所学的知识和技能用于解决实际问题，以发展学生的批判性思维、创新能力、合作精神和交往技能的认知策略，有助于学生提高解决问题并做出决策的能力。

指向深度学习的教学，是指在教师的引领下，学生围绕着具有挑战性的学习主题，全身心积极参与，体验成功，获得发展的有意义的学习过程。在这个过程中，学生掌握学科的核心知识，理解学习的过程，把握学科的本质及思想方法。形成积极的内在学习动机、高级的社会性情感、积极的态度、正确的价值观，成为既具独立性、批判性、创造性，又有合作精神、基础扎实的、优秀的学习者，成为未来社会历史实践的主人。深度学习重点强调学生的深度思维，强调培养学生发展核心素养，强调关注教学本质，强调落实学生的主体地位。

20 世纪 80 年代初，数学建模课程引入我国的一些高校，短短几十年发展迅速。从 20 世纪 90 年代初，中学生开始参加数学建模比赛，2003 年《普通高中数学课程标准（实验）》中明确提出数学建模，标志着数学建模正式进入我国高中数学。《普通高中数学课程标准（2017 年版 2020 年修订）》中将数学建模作为数学学科核心素养提出，是对数学建模育人价值的深度挖掘与进一步提升，宏观上要求数学建模贯穿整个高中数学课程内容，模型思想渗透在重要课程的每个模块或专题中。在新课程背景下，数学建模问题贯穿课程始终，把数学建模活动与综合实践活动有机地结合起来。这就要求将数学建模融入课堂教学过程中，也就是说教师要用数学模型观点来概括知识，在教学中融入数学建模思想与方法，同时要求教师在解决问题的过程中把一些较小数学建模问题放到教学局部环节上。

教科书中很多案例都是已经给出现有模型，只需要数学知识解决问题；有些问题给出现成的数据，提出了需要解决的问题，但是没有给出现有模型；有些问题只提出了需要解决的问题，没有现有模型，也没有现成可用的数据。现实生活中有很多问题可以通过建立数学模型加以解决，需要培养中学生的编拟建模能力及跨学科综合问题的数学建模。教师可以鼓励学生认真观察生活，用数学的眼光观察世界,发现和提出问题,用数学的语言去描述问题,将问题转化为需要解决的数学问题,经历数据收集、模型的选择、求解模型、检验模型,得到模型的解,再将模型的解转化为实际问题的解,亲身经历数学建模的全过程,提高数学建模素养。在物理学中一些数学建模问题随处可见,再如,生物学科的生物半衰期问题,地理学科的太阳高度角问题,化学学科的微观粒子、晶体结构、化学平衡等,都可以通过构建数学模型而很好地解决其难题。在这个过程中,学生能够进行有意义的自主学习、主动探究,这也正是深度学习所主张的。在整个数学建模的过程中,学生全身心投入,积极参与建模活动,自主思考、合作交流,获得个性化的学习经验,感悟数学的应用价值。

数学建模教学的开展促进了学生的深度学习。深度学习是落实数学建模素养的重要途径,当面对问题时,面对大量数据,他们能够初步进行独立思考,学会数据处理,学会合作,尝试应用所学知识解决问题,学会怎样用数学的眼光看待世界,用数学的眼光解决问题,真正达到深度学习的目的。

经过三年的研究和探索,"深度学习视角下高中数学建模教学的实践研究"课题组完成了高一必修一、必修二两册书的单元教学设计,以及课程思政融入数学教学课堂之后的教学设计。课题研究取得了大量的研究成果,这些成果包括研究方法的创新,并形成了一套对数学教学实践具有较高指导意义的教学设计理论和实际操作方法,概括出了理解数学、理解学生、理解教学是教师专业化发展的三大基石,激发了教师们研究的热情和动力,在科研的道路上脚踏实地、稳扎稳打、一步一个脚印地向更高层次迈进。

刘春红
2024-8-5

序　一

刘春红教师主持了天津市教育学会的“十四五”课题“深度学习视角下高中数学建模教学的实践研究”，她针对高中数学教学中的数学建模内容在天津市河东区进行了实践研究，并以此为基础，编写了本书，其研究成果具有以下特点。

从创新性上看，本书对数学建模进行了深入、系统的教学实践研究，以课程标准为依据，对教材内容进行了具有创新性的扩展，针对不同学情的学生实施了有效教学，形成了丰富的案例，具有一定的新意。

从科学性上看，其实验研究法和行动研究法恰当合理。从教师层面、学生层面、教学层面、课程资源层面和活动评价层面等多角度、多层次进行了科学论证。在大的研究目标的基础上还列出了“单元教学建模课程资源开发”“深度学习融合数学建模课堂”“数学学科育人价值”等非常具体的小目标，使课题研究目标明确、具体、可操作性强，通过实践研究基本达成研究目标。

从规范性上看，其研究设计与实施基本规范，概念明确，条理清晰。课题研究的过程有组织、有管理、有计划、有实施，较为规范。

从应用性上看，具有较大的应用价值。该研究成果系统地梳理了适合开展数学建模的具体教学内容，形成数学建模单元教学设计和教学课例，汇编了较为系统、具体翔实的数学建模案例，提炼出具体实施数学建模教学的策略和方法，汇集了相关资源和成果。成果内容数量多、形式多样、级别高，且与课题研究内容高度契合，在深度学习和数学建模研究方面起到了引领和示范的作用。

序　二

刘春红及研究团队的课题“深度学习视角下高中数学建模教学的实践研究”紧扣《普通高中数学课程标准(2017 年版 2020 年修订)》关于发展学生数学核心素养的要求,以数学建模为主开展研究,准确地认识到数学建模在高中阶段的教育价值,并立足本地区高中数学教学现状进行了教与学的问卷调查,确保了该研究的针对性与科学性。他们在此基础上编写的《数学建模应用及探究》研究目标清晰,研究方法适切有效,研究内容聚焦主题,有利于读者正确认识和逐步解决所研究的问题,具有实践意义上的借鉴价值。

本书通过“初次实施单元教学设计”和“再次实施单元教学设计”较好地解决了高中数学教师践行数学建模过程中的困惑,提升了他们对发展学生数学核心素养的认识,有利于教师开展数学建模活动,体现了常态数学教学与数学建模活动的有效结合,提升了学生学习数学的能力和思维品质,发展了学生的数学核心素养。

申铁

序　三

刘春红教师承担的天津市教育学会“十四五”课题“深度学习视角下高中数学建模教学的实践研究”整理汇集成《数学建模应用及探究》一书，该书具有以下特点。

（1）具有较大的实践价值。课题组为提升学生数学建模素养，对学生和教师进行了数学建模的认知问卷调查，基于此在高中数学课堂实施数学建模教学，总结出基于各种课型的数学建模类型，选题有针对性，具有现实意义。

（2）组织合理、规范。从研究方法的提出、研究方案的制定、研究的实施，到研究成果的总结提升，整体内容规范、合理。

（3）研究方法恰当。通过调查研究、行动研究等方法，边研究边实践，着力解决数学建模教学中的具体问题，探索出高中数学建模的实施策略，研究具有较强的实效性。

（4）理论与实践的结合促进了数学建模教学的实施，对于提高学生数学核心素养起到了一定的积极作用。

希望课题组继续开展研究，为提升学生数学建模素养，增强学生分析问题、解决问题的能力，不断探索实践。

目　录

第一章　数学建模教学的实践研究背景及研究方法 …… 1

第一节　高中数学建模教学的实践研究背景价值及意义 …… 1

第二节　高中数学建模教学的实践研究方法及实施步骤 …… 2

第二章　课程思政融入高中数学建模 …… 5

第一节　数学建模素养及实践的认知和相应调查 …… 5

第二节　课程思政融入高中教学实践的路径 …… 19

第三章　初次实施单元教学设计 …… 22

第一节　课程标准模块　第一册第一章　集合与常用逻辑用语 …… 22

第二节　课程标准模块　第一册第二章　一元二次函数、方程和不等式 …… 26

第三节　课程标准模块　第一册第三章　函数的概念与性质 …… 29

第四节　课程标准模块　第一册第四章　指数函数与对数函数 …… 31

第五节　课程标准模块　第一册第五章　三角函数 …… 39

第六节　课程标准模块　第二册第六章　平面向量及其应用 …… 44

第七节　课程标准模块　第二册第七章　复数 …… 47

第八节　课程标准模块　第二册第八章　立体几何初步 …… 49

第九节　课程标准模块　第二册第九章　统计 …… 50

第十节　课程标准模块　第二册第十章　概率 …… 54

第四章　再次实施单元教学设计 …… 59

第一节　课程标准模块　第一册第一章　集合与常用逻辑用语 …… 59

第二节　课程标准模块　第一册第二章　一元二次函数、方程和不等式 …… 62

第三节　课程标准模块　第一册第三章　函数的概念与性质 …… 64

第四节　课程标准模块　第一册第四章　指数函数与对数函数 …… 64

第五节　课程标准模块　第一册第五章　三角函数 …… 82

第六节　课程标准模块　第二册第六章　平面向量及其应用 …… 94

第七节　课程标准模块　第二册第七章　复数 …… 103

第八节　课程标准模块　第二册第八章　立体几何初步 …… 103

第九节　课程标准模块　第二册第九章　统计 …… 107

第十节　课程标准模块　第二册第十章　概率 …… 111

后　记 …… 120

参考文献 …… 122

第一章　数学建模教学的实践研究背景及研究方法

第一节　高中数学建模教学的实践研究背景价值及意义

一、课题背景

随着知识爆炸时代的到来，以高阶思维培养为特征的深度学习时代也已经来临。高中阶段的数学教育的终极目标是"会用数学眼光观察世界；会用数学思维思考世界；会用数学语言表达世界"，以满足培养创新型人才的需要。其中数学语言主要表现为数学模型。在现实生活中，数学模型无处不在，它搭建了数学与外部世界的桥梁，是数学应用的重要形式。数学建模是应用数学解决实际问题的基本手段，数学建模的题目与生活实际紧密相连，学生利用参考书和计算工具，通过求解数学模型从而使得许多实际问题迎刃而解。同时，数学建模对于激发学生的兴趣、调动学生的积极性、引发学生的数学思考、鼓励学生的创造性思维发挥了重要作用。在我国，中学阶段真正开展数学建模的时间并不长，2003年《普通高中数学课程标准（实验）》中明确提出数学建模，标志着数学建模正式进入我国高中数学。《普通高中数学课程标准（2017年版2020年修订）》（以下简称《标准》）中将数学建模作为数学学科核心素养提出，是对数学建模育人价值的深度挖掘与进一步提升，这必然会对数学建模的教学提出新的要求。近些年，其在课堂教学层面也逐渐收到了成效，这也说明中学生能否进行数学建模并不在于是否具备高等数学知识，运用初等数学知识仍然可以进行数学建模，甚至有时候能把问题解决得更好。但是，单元学习模式下适合中学生开展数学建模的内容还有待深入开发，中学生如何在课堂上开展数学建模活动有待进一步探索，学生数学建模素养水平有待提升。因此，对数学建模教学进行研究是十分必要的。

二、课题价值

数学模型被广泛地运用在经济、科学等各个社会领域，因此，数学建模教学的实践研究对教师和学生的发展都有着巨大的促进作用。一方面，数学建模教学承载着培养创新型人才的需要。数学建模在培养学生内在的学习兴趣，保持学生长久的学习动力，体现学科背后隐藏的学科精神和文化底蕴，展示学科教学特有的魅力等方面发挥了重要的作用。数学建模的学习有助于学生体验数学在解决实际问题中的价值和作用，还可以促进学生创新精神的发展和实践能力的提高。另一方面，数学建模教学的研究，赋予了教师参与课程改革的权力，有助于教师关注信息化环境下的教学改革，关注学生个性化、多样化的学习和发展需求，促进教师转变人才培养模式，对教师的专业素养也提出了更高的要求。

本课题的课题组成员为河东区各学校的骨干教师。各学校学生数学学习的差别比较大，数学应用方面的意识、思维能力也不尽相同，学生发现和提出问题、分析和解决问题的能力均有待于提升。本课题的研究，辐射全区各个学校，促进了单元教学模式下高中数学教学内容的整合，带动了各校高中数学建模活动的开展，对各校教师的研究工作起到了示范引领作用，对各校学生数学建模素养的提升起到了积极的促进作用。

数学建模是数学中一门新兴的学科，20 世纪 70 年代初诞生于英美等现代化工业国家。20 世纪 80 年代初，数学建模课程被引入我国的一些高校，短短几十年来发展非常迅速。在我国，中学真正开展数学建模教学的时间并不长。从 20 世纪 90 年代初开始，中学生开始参加数学建模比赛，随着数学模型比赛规模的日益扩大，其影响逐渐增强，人们对数学模型和数学建模方法在实际生活中的应用有了更加深入的了解。

通过对国内外文献的梳理，我们可以总结以下几个趋势。

（1）研究对象逐渐向基础教育偏斜。现阶段，在高中开展数学建模是可行的。不同于大学的数学建模更强调根据和方法，高中建模的案例更加丰富、复杂、开放，所涉及的知识与学生日常生活与课堂所学也密切相关。

（2）对数学建模的理论研究日趋成熟。很多专家学者在著作中对中学数学建模的内容、意义、开展方法和实例分析作了深入探讨。不少教师就中学数学建模的教学原则、策略、意义及常见模型等方面进行了深入的研究。

（3）随着对数学建模研究的深入，开始逐渐走向理论与实践相结合的道路。相较以前的研究，最近的研究更多从实践问题入手，采取“理论—实践—再理论—再实践”的研究模式。

（4）对学生的评价由对知识和能力的掌握转化为学科核心素养的培养。通过对数学建模活动的实施和推广，越来越多的教育工作者逐渐认识到数学对人类发展的作用，提出要重视数学应用能力的培养，要关注如何通过数学培养人的理性思维、创新精神和实践能力。

（5）数学建模在中学数学中的两次跨越式发展。2003 年《普通高中数学课程标准（实验）》中明确指出，高中阶段至少应为学生安排一次数学建模活动，这标志着数学建模正式进入我国高中数学，也是我国中学数学应用与建模发展的一个里程碑。《标准》为数学建模安排了单元和课时，标志着中国数学建模又前进了一大步。

第二节　高中数学建模教学的实践研究方法及实施步骤

一、研究目标

为了促进广大中学数学教师尽快适应课程改革发展需要，提高对高中数学学科核心素养的认识，促进教师专业化发展，促进中学数学课堂教与学，落实学科核心素养。在新课程标准的指导下，基于深度学习的中学数学建模教与学，研究如何通过开发高中数学课程标准和教材内容，设计符合学生认知的数学建模系列课程，建立数学建模的实践性活动，进行系统地实施并科学地评价数学建模活动，提升学生应用数学知识解决实际问题的意识和能力，激发学生学习数学的兴趣，有效地培养学生的探究意识与合作精神。

通过课题引领全区数学教研，“教中研、研中教、以教催研、以研促教”，将学生的深度学习与数学建模活动、教师培养融为一体，建设丰富多彩、与时俱进的数学课程资源，积累丰富的数学建模案例，总结提炼高中数学建模实施的有效策略。具体目标设置如下。

(1)从单元教学角度，整体把握教学设计，开发建模课程资源，寻找适合高中学生数学建模的课题和内容。

(2)通过对数学建模的深度学习，力争学生获得发展的学习过程，以发展学生数学学科核心素养为导向，把数学建模融入数学课堂教学实践中去。

(3)促进学生个性化发展，促进学生数学学科核心素养获得阶段性的提升，增强学生思维、能力、素养、品质的提升与培育，实现数学课程的育人价值。

(4)形成一些有价值的教学设计、论文、专题讲座、课例研究等教学资源，提升教师自身的专业化成长。

二、研究内容

人教版高中数学教材中为数学建模安排了教学单元和课时，标志着中国数学建模又前进了一大步。但由于种种原因，在高中数学课堂实现数学建模还在不断摸索，一方面要选择适合高中生学习的数学建模问题，另一方面要利用适合高中生使用的信息技术实现问题解决。本课题的研究重在吸纳并整合丰富的数学建模素材，充分利用信息技术，系统地介绍数学建模在高中数学课堂实施的步骤和方法，有效地实施高中数学建模课程内容的整体性教学，真正地使数学建模核心素养落在实处。

研究共分以下四个步骤开展。一是课题组成员通过分析当前高中数学课程开展数学建模教学的现状，找出问题，分析原因及解决方法。二是探索课堂中开展高中数学建模活动的原则。三是分析高中数学建模的方法。四是开展数学建模活动，研究高中数学建模的实施策略。

通过前期挖掘并整合教材内容，例如函数、三角函数、概率统计等章节，课题组开展了一些数学建模研究活动。数学建模活动激发了学生学习数学的兴趣，提升了学生应用数学的能力。在后面的研究工作中，我们将继续挖掘教材内容，通过实践检验，设计适合学生认知的数学建模实施方案，在深度学习理论指导下，继续开展数学建模活动及课例研究，摸索完善高中数学建模实施对策。

三、研究方法

1. 文献研究法

收集、分析和研究与本课题密切相关的已有研究成果，并撰写综述报告，进一步明确自己研究的特色。

2. 调查研究法

通过调查了解学生对数学建模的认识,教师实施数学建模教学的能力,分析当前高中数学课程中开展数学建模教学的现状,找出问题,分析原因及解决方法。

3. 行动研究法

行动研究将改革行动与研究工作相结合,与教育实践的具体改革行动紧密相连。我们研究课题过程中采用的模式基本是“计划—行动—考察—反思—再行动”。

4. 经验总结法

根据教育实践所提供的事实,分析概括教育现象,挖掘现有的经验材料,并使之上升到教育理论的高度,以便更好地指导新的教育实践活动。

四、实施步骤

本课题研究计划用时三年分为五个阶段。

1. 研究准备阶段(2021 年 1 月—2021 年 7 月)

建立课题组,规划、论证课题研究方案,进行资料和理论研究。做好课题的申报、立项、开题等工作。

2. 实践准备阶段(2021 年 8 月—2021 年 10 月)

制定阶段达成目标,课题研究,按计划有步骤地实施课题研究。主要参研人员按照统一要求编写主题教学设计和实施案例。

3. 初步实践阶段(2021 年 11 月—2022 年 9 月)

通过行动研究法和实践反思法进行数学建模教学实践,收集典型案例,整理活动过程中的资料,并撰写教学心得。组织学生活动,汇总学生的感受和意见。

4. 完善实践阶段(2022 年 10 月—2023 年 9 月)

通过文献、实践研究和调查研究法,探讨数学建模的教学设计和案例,找出存在的问题和解决的办法,总结推广研究成果。

5. 结题准备阶段(2023 年 10 月—2024 年 5 月)

归类整理研究中的过程性材料,对研究过程资料进行全面分析、归纳、提炼总结,形成结题总结报告。

第二章　课程思政融入高中数学建模

第一节　数学建模素养及实践的认知和相应调查

数学建模素养及实践的认知和相应调查问卷(教师版)

为了了解教师对数学建模的熟知程度,特别邀请你做一份调查问卷,请根据具体题目结合自身情况作答。本问卷仅作为科研用途,请放心填写,感谢您的参与和配合!

(1)您对数学建模素养含义理解的程度如何?(　　)[单选题]

A. 一般　　B. 比较深刻　　C. 非常深刻　　D. 不了解

(2)数学建模就是解答复杂的数学应用题,您怎么看?(　　)[单选题]

A. 完全认同　　B. 比较认同　　C. 不太认同　　D. 完全不认同

(3)对新课程强调培养学生数学建模应用意识,您认为(　　)。[单选题]

A. 完全有必要　　B. 有必要　　C. 可有可无　　D. 不必要

(4)高中教育阶段,学生参与数学建模的具体情况是(　　)。[多选题]

A. 建模意识比较模糊　　B. 理解水平较差

C. 缺乏自信,建模不熟练　　D. 教师缺乏经验,授课方式比较传统

(5)中学开展数学建模活动占用时间较多,影响正常的教学活动,您怎么看?(　　)[单选题]

A. 不认同　　B. 说不清　　C. 比较认同　　D. 完全认同

(6)您教的班级中学生数学建模进行情况怎么样?(　　)[单选题]

A. 没有开过　　B. 偶尔提到过

C. 探究性学习中提到过　　D. 专门开设了数学建模活动

(7)您平时选择什么样的类型问题来培养学生数学建模素养?(　　)[多选题]

A. 无情境问题　　B. 数学情境简单问题

C. 现实情境较复杂问题　　D. 综合情境复杂问题

(8)培养学生数学建模能力,您常用的教学策略是(　　)。[多选题]

A. 创设问题情境,注重阅读分析　　B. 画图观察,注重抽象模型

C. 一题多解,锻炼模型计算　　D. 讨论质疑,注重检验反思

E. 小组探究,培养合作精神

(9)在数学建模过程中,您认为哪些阶段更重要?(　　)[多选题]

A. 从实际情境中提出问题与分析问题　　B. 建立模型

C. 求解模型　　D. 检验并修正模型

(10)在数学建模素养评价指标中,您认为哪些更重要?(　　)[多选题]

A. 情境解读　　B. 数学建模　　C. 数学表达　　D. 交流协作

E. 成果转化

(11)评价学生数学建模素养的方式您经常选择(　　)。[单选题]

A. 学习态度　　B. 参与程度　　C. 合作意识　　D. 探究建模活动

(12)您认为数学建模活动可以给学生带来哪些收获?(　　)[多选题]

A. 提高学习数学的兴趣　　B. 提高数学知识应用的能力

C. 提高计算机使用能力　　D. 拓宽了视野

一、数学建模素养及实践的认知和相应调查问卷报告分析(教师版)

1. 调查目的

为了了解教师对数学建模素养及实践的认知,特拟定了一份调查问卷,于 2022 年 4 月 30 日—5 月 6 日对河东区全体高中数学教师进行问卷调查,并对其进行了分类分析。本调查报告主要从教师对数学建模素养含义理解的程度,对于数学建模是解答复杂的数学应用题的看法,对新课程强调培养学生数学建模应用意识的看法,高中阶段学生参与数学建模的具体情况,对于中学开展数学建模活动占用时间较多影响正确的教学活动的看法,学生数学建模进行情况,选择哪种类型问题培养学生数学建模素养,教师的教学策略,数学建模过程中,教师认为哪些阶段更重要,评价学生数学建模素养的方式,数学建模活动给学生带来的收获等方面进行分析整理。

2. 调查方法

调查问卷。

3. 调查对象

本次调查问卷发放的对象是全区高中数学教师。

4. 数据汇总

(1)您对数学建模素养含义理解的程度如何?(　　)

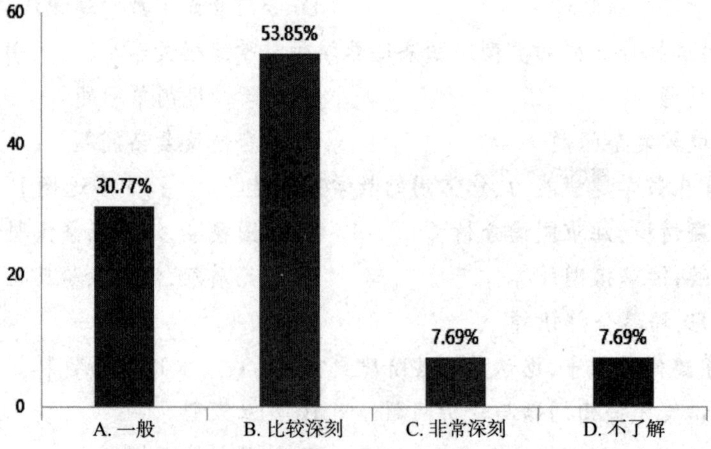

图 2-1　教师对数学建模素养含义的理解程度

这个问题说明 60% 以上的数学教师对数学建模相关知识有比较深刻的认识，但还是有少部分不了解数学建模这个工具。（见图 2-1）

（2）数学建模就是解答复杂的数学应用题，您怎么看？（　　）

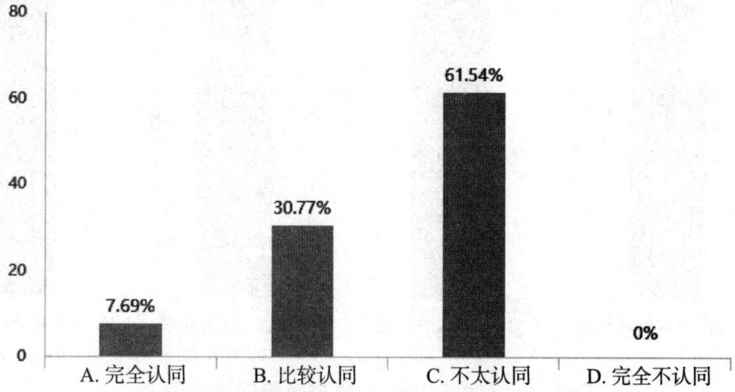

图 2-2　教师对数学建模用途单一性的观点的态度

从这可以看出，近 62% 的数学教师不认同数学建模只是单一用来解决复杂的数学问题这一观点，否认了数学建模这一工具的用途单一性，但是在实际教学过程中，可能有将近 40% 的数学教师只是用数学建模解决复杂的数学问题，并没有把这一工具应用到其他方面。（见图 2-2）

（3）对新课程强调培养学生数学建模应用意识，您认为（　　）。

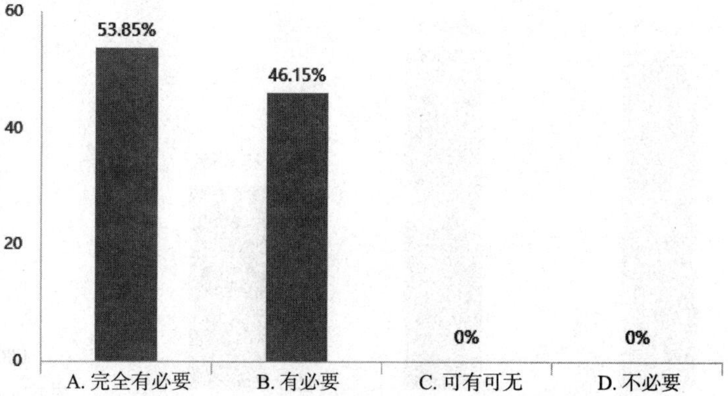

图 2-3　教师对于新课程强调培养学生数学建模应用意识的观点

这一问题说明 100% 的教师认为培养学生数学建模应用意识还是非常有必要的。（见图 2-3）

（4）高中教育阶段，学生参与数学建模的具体情况是（　　）。

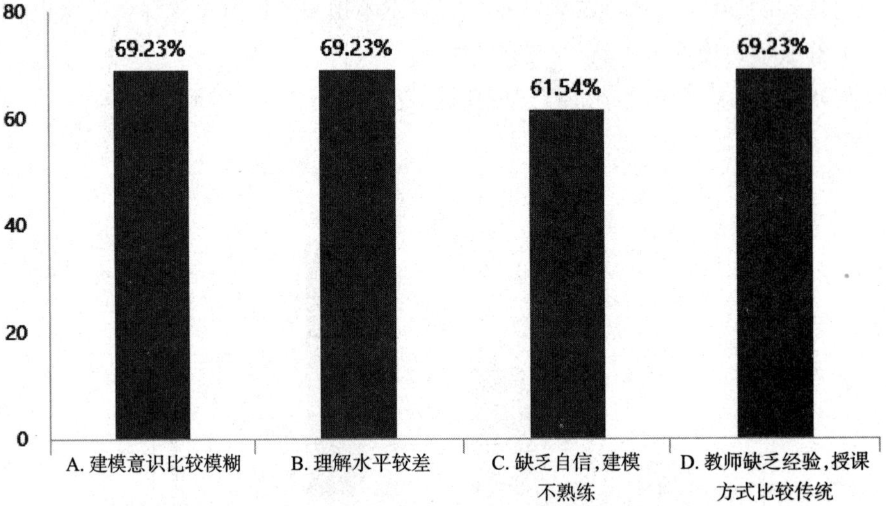

图 2-4　高中阶段学生参与建模现状的调查

从这可以看出，将近 70% 的学生数学建模意识薄弱，对于建模理解水平差，甚至将近 62% 的学生因为对于建模不熟练所以缺乏自信心，与此同时，将近 70% 的教师对数学建模也缺乏理论和实践经验，这也是导致学生不会应用数学建模的原因之一。（见图 2-4）

（5）中学开展数学建模活动占用时间较多，影响正常的教学活动，您怎么看？（　　）

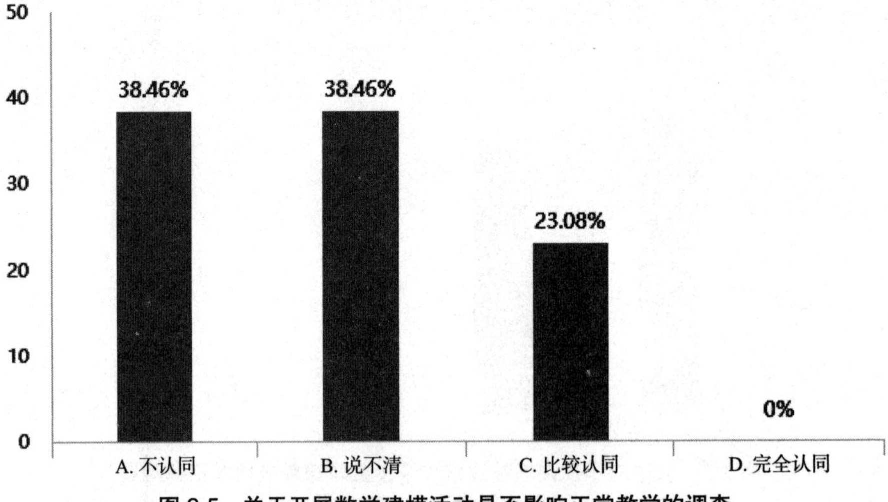

图 2-5　关于开展数学建模活动是否影响正常教学的调查

这一问题表明，约 23% 的数学教师认为，数学建模虽然有一定优势，但是实施起来占用时间较多，在一定程度上影响了正常的教学活动，还有近 38.5% 的数学教师表示出不确定的态度，无法达到平衡，其他数学教师认为数学建模不会影响正常的教学活动。（见图 2-5）

（6）您教的班级学生数学建模进行情况怎么样？（　　）

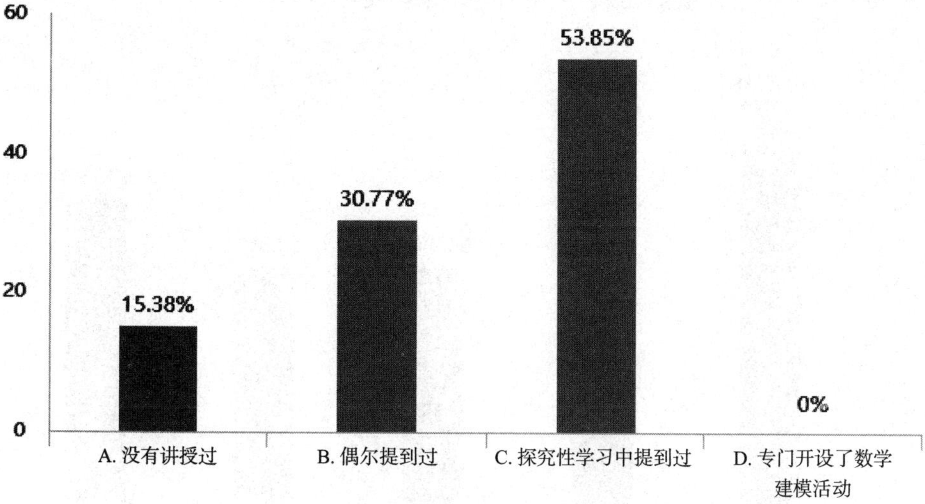

图 2-6　对于数学建模教学开展情况的统计

53.85% 的数学教师在探究性学习中提到过数学建模，30.77% 的数学教师偶尔提到过，15.38% 的数学教师甚至都没有讲授过这方面知识，学校也没有开设专门针对数学建模方面的课程，所以想要让学生应用数学建模，还需要学校开展相关的课程。（见图 2-6）

（7）您平时选择什么样的类型问题来培养学生数学建模素养？（　　）

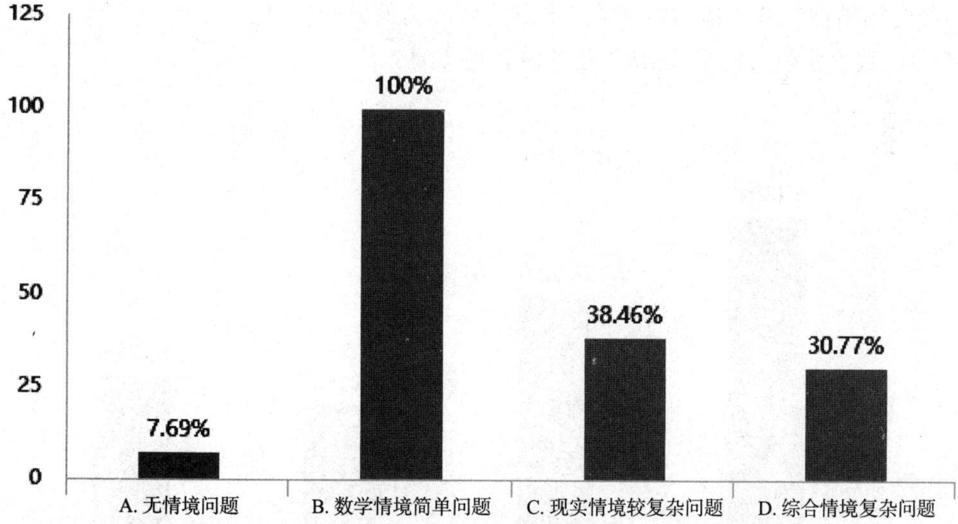

图 2-7　对于培养学生数学建模能力素养的方式调查

100% 的数学教师会选择在简单的数学情境问题中培养学生数学建模素养，学生便于接受，也容易实施，只有 7.69% 的数学教师选择无情境问题去培养数学建模素养，无情境太抽象不容易让学生接受，38.46% 的数学教师选择较复杂的现实情境问题去培养，主要跟实际生活联系起来，30.77% 的数学教师选择复杂的综合情境问题来培养学生的数学建模素

养,对于有能力的同学可以适当地提高一些难度。(见图 2-7)

(8)培养学生数学建模能力,您常用的教学策略是(　　)。

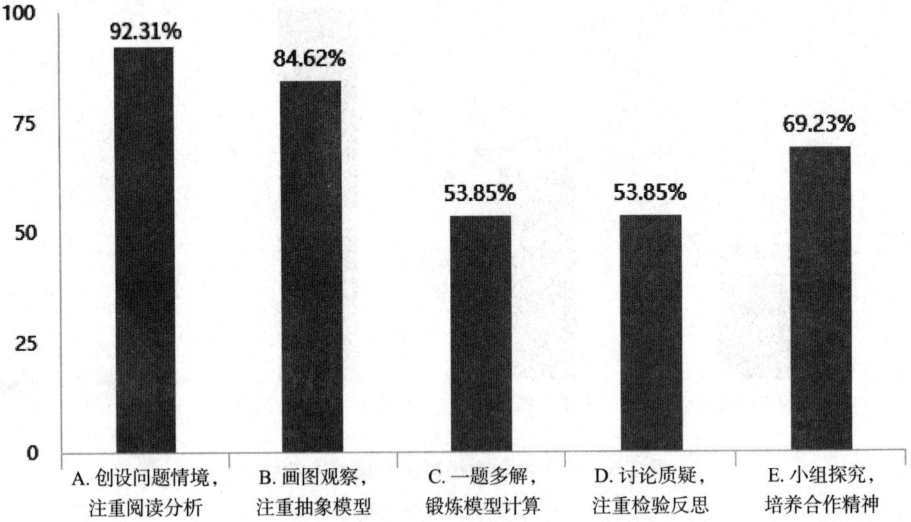

图 2-8　常用的数学建模教学策略调查

92.31% 的数学教师通过创设问题情境,注重阅读分析的方式, 84.62% 的数学教师通过画图观察,注重抽象模型的方式, 53.85% 的数学教师通过一题多解,锻炼模型计算的方式, 53.85% 的数学教师通过讨论质疑,注重检验反思的方式, 69.23% 的数学教师通过小组探究,培养合作精神的方式达到培养学生数学建模能力的目的。(见图 2-8)

(9)在数学建模过程中,您认为哪些阶段更重要?(　　)

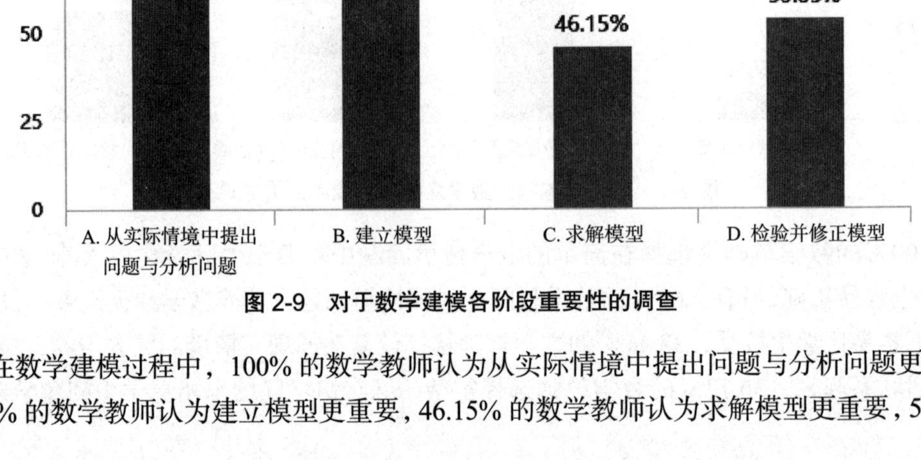

图 2-9　对于数学建模各阶段重要性的调查

在数学建模过程中, 100% 的数学教师认为从实际情境中提出问题与分析问题更重要, 76.92% 的数学教师认为建立模型更重要, 46.15% 的数学教师认为求解模型更重要, 53.85%

的数学教师认为检验并修正模型更重要。(见图 2-9)

(10)在数学建模素养评价指标中,您认为哪些更重要?(　　)

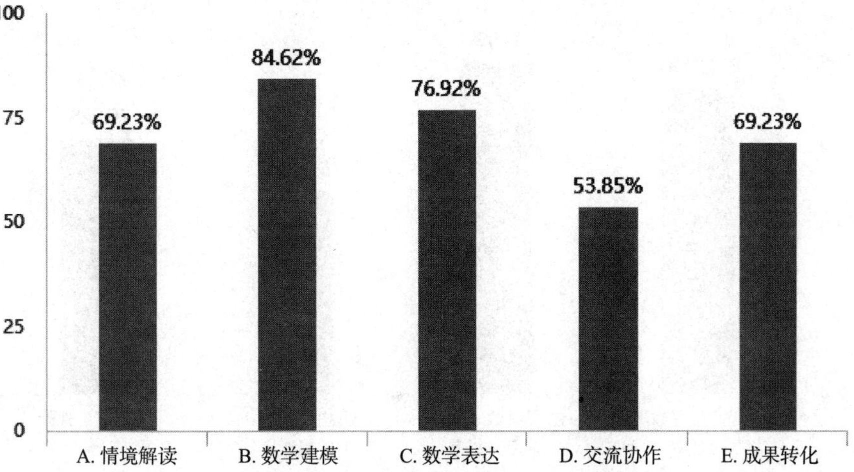

图 2-10　对于数学建模素养评价指标的调查

在数学建模素养评价指标中, 69.23% 的数学教师认为情境解读更重要, 84.62% 的数学教师认为数学建模更重要, 76.92% 的数学教师认为数学表达更重要, 53.85% 的数学教师认为交流协作更重要,69.23% 的数学教师认为成果转化更重要。(见图 2-10)

(11)评价学生数学建模素养的方式您经常选择(　　)。

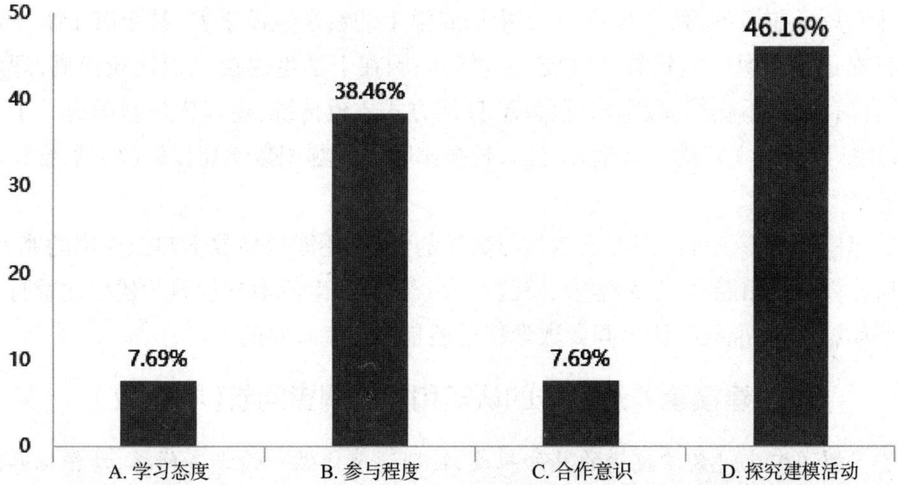

图 2-11　对于学生数学建模素养评价方式的调查

在评价学生数学建模素养的方式上,7.69% 的数学教师选择看学生的学习态度,38.46% 的数学教师选择看学生的参与程度, 7.69% 的数学教师选择看学生的合作意识, 46.16% 的数学教师选择看学生的探究建模活动。(见图 2-11)

（12）您认为数学建模活动可以给学生带来哪些收获？（　　）

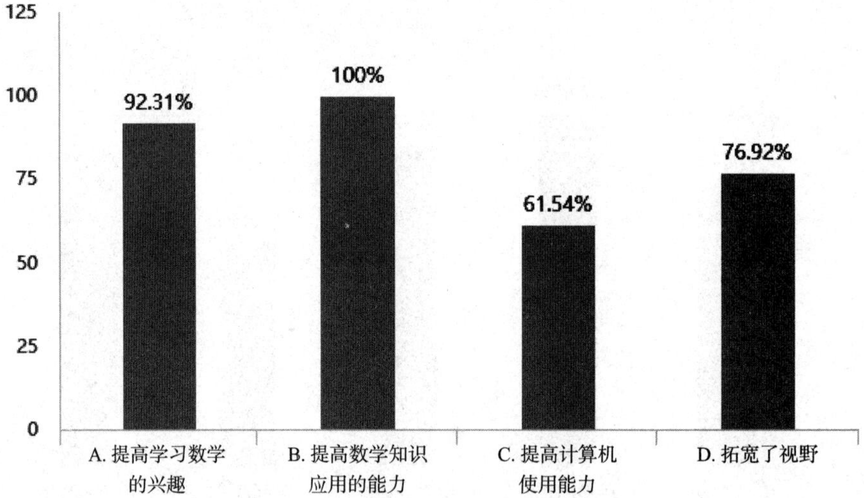

图 2-12　对于数学建模教学作用的调查

92.31% 的数学教师认为数学建模活动能提高学生学习数学的兴趣，100% 的数学教师认为能提高学生数学知识应用的能力，61.54% 的数学教师认为能提高学生对于计算机的使用能力，76.92% 的数学教师认为拓宽了学生的视野。（见图 2-12）

5. 结论

100% 的教师认为有必要按照新课程标准有意识地去培养学生数学建模应用意识，现阶段教师们只是在简单的数学问题情境中培养学生的数学建模素养，甚至有 15%—45% 的教师没有提过或者偶尔提到数学建模，主要的原因在于学生建模意识比较模糊，理解水平差，缺乏自信，建模不熟练，教师缺乏经验，授课方式比较传统，建议先对教师有一个针对性的培训，让教师对数学建模了解细致之后，挖掘出哪些问题用数学建模解决以后会让学生更快更好地接受。

数学建模活动不仅可以提高学生学习数学的兴趣，还能提高数学知识应用的能力，同时还能提高计算机使用能力，拓宽学生的视野，为今后大学生活中参加数学建模比赛打下良好的基础，所以总体来说教师认为开展数学建模还是非常有必要的。

数学建模素养及实践的认知和相应调查问卷（学生版）

为了了解高中生对数学建模的熟知程度，特别邀请你做一份调查问卷，请根据具体题目结合自身情况作答。本问卷仅作为科研用途，请放心填写，感谢你的参与和配合！

（1）你是否喜欢数学？你对数学所持的态度是（　　）。[单选题]

A. 很有兴趣　　B. 中等兴趣　　C. 一点点兴趣　　D. 完全不感兴趣

（2）当你遇到问题需要解决，应用数学角度看待问题的频率（　　）。[单选题]

A. 经常　　B. 有时　　C. 较少　　D. 从来不会

（3）你认为数学课应不应该设计一些应用方面的例题？（　　）[单选题]

A. 非常应该　　B. 应该　　C. 一般　　D. 没必要

(4)你知道“数学建模”或“数学模型”这个词吗?(　　)[单选题]

A. 知道它的意思　　B. 听过,但从未了解其含义

C. 没听过　　D. 不想了解

(5)你知道和中学有关的数学模型吗?(　　)[单选题]

A. 知道很多　　B. 知道　　C. 只知道一点　　D. 不知道

(6)你认为数学建模和数学实际应用题之间有什么关系?(　　)[单选题]

A. 两者是同一概念的不同说法　　B. 数学建模包含数学实际应用题

C. 数学实际应用题包含数学建模　　D. 两者之间没有联系,不清楚

(7)你认为数学建模的情境是(　　)。[单选题]

A. 现实问题转化为数学问题

B. 实际问题转化为数学问题,再回归到实际问题

C. 一个数学问题转化为另一个数学问题

D. 实际问题转化为计算问题

(8)你认为数学建模的具体步骤应该是什么?(　　)[单选题]

A. 提出问题—建立模型—求解模型—分析检验模型—应用模型

B. 提出问题—建立模型—分析模型—求解模型—检验模型

C. 提出问题—建立模型—解答模型—检验模型

D. 不清楚

(9)你认为建模的哪个环节最难?(　　)

A. 发现和提出问题　B. 建立和求解模型　C. 检验和完善模型　D. 分析和解决问题

(10)你认为利用数学建模解决问题时,模型和答案是唯一的吗?(　　)[单选题]

A. 模型唯一答案唯一　　B. 模型唯一答案不唯一

C. 模型不唯一答案唯一　　D. 模型和答案都不唯一

(11)你认为数学建模只需要个人能力和思考,还是需要团队合作完成?(　　)[单选题]

A. 只需要个人就能完成　　B. 需要个人给出思路,团队合作完成

C. 需要团队合作解决问题　　D. 不确定

(12)你认为数学建模需要哪些能力的积累?(　　)[多选题]

A. 分析问题的能力　B. 数学解题能力　C. 运算能力　D. 丰富的跨学科知识

E. 团队合作能力　F 创新能力

(13)你觉得中学生有必要开展数学建模吗?(　　)[单选题]

A. 很有必要　　B. 中等必要　　C. 有一点必要　　D. 没必要

(14)你愿意在学校学习数学建模方面的课程吗?(　　)[单选题]

A. 非常愿意　　B. 可以试试　　C. 勉强接受　　D. 不愿意

二、数学建模素养及实践的认知和相应调查问卷报告(学生版)

1. 调查目的

为了了解学生对数学建模素养及实践的认知,特拟定了一份调查问卷,于 2022 年 4 月 30 日—5 月 6 日对全区高中学生进行问卷调查,并对其进行了分类分析。本调查报告主要从学生对数学建模的认知程度、对于数学建模是解答复杂的数学应用题的看法、对学生建模的实践操作程度、学生参与数学建模的具体情况、对于中学开展数学建模活动的必要性,数学建模活动需要学生具备何种能力等方面进行分析整理。

2. 调查方法

调查问卷。

3. 调查对象

本次调查问卷发放的对象是全区实验校高中学生。

4. 数据汇总

(1)你是否喜欢数学?你对数学所持的态度是(　　)。[单选题]

表 2-1　学生对数学的兴趣度的调查

选项	比例
很有兴趣	35.62%
中等兴趣	45.2%
一点兴趣	13.7%
完全不感兴趣	5.48%

如表 2-1 所示，80.82% 的学生对数学抱有“中等兴趣”或“很有兴趣”,说明大部分学生对数学学科的学习有一定的积极性,并具备主动学习的意愿。19.18% 的学生对数学抱有“一点兴趣”或“完全不感兴趣”,我们要关注学生的个体差异和不同学生的学习需求,特别是学习成绩差、学习习惯差、学习兴趣不浓的学生,如何在数学学习活动中树立他们的学习信心,提高他们学习数学的学习兴趣,主动参与到学习活动中来,是我们必须关注的问题。

(2)当你遇到问题需要解决,应用数学角度看待问题的频率(　　)。[单选题]

表 2-2　学生应用数学看待问题的调查

选项	比例
经常	24.66%
有时	50.68%
较少	17.81%
从来不会	6.85%

如表 2-2 所示，75.34% 的学生可以将数学知识应用到生活实际中去，并能用数学的眼光看待问题，17.81% 的学生较少会用数学的眼光看待生活中的问题，有 6.85% 从来不会用数学的眼光看待生活中的问题，说明学生用数学知识提出问题、分析问题、解决问题的能力还有待加强。

（3）你认为数学课应不应该设计一些应用方面的例题？（　　）[单选题]

表 2-3　关于学生对数学应用例题态度的调查

选项	比例
非常应该	39.73%
应该	35.62%
一般	17.8%
没必要	6.85%

如表 2-3 所示，75.35% 的学生认为数学课上应该设计一些应用方面的例题，说明大部分学生具备用数学知识解决实际问题的意识，有 6.85% 的学生认为没有必要设计一些应用方面的例题，这就要求教师应该更加关注这些学生，渗透用数学知识解决实际问题的必要性。

（4）你知道“数学建模”或“数学模型”这个词吗？（　　）[单选题]

表 2-4　关于学生对数学建模了解程度的调查

选项	比例
知道它的意思	45.21%
听过，但从未了解其含义	47.95%
没听过	1.36%
不想了解	5.48%

如表 2-4 所示，45.21% 的学生知道数学建模的意思，47.95% 的学生仅仅听过数学建模的名称但从未了解其含义，还有少数同学没听过也不想了解数学建模，说明数学建模的推进工作还有待进一步加强。教师不仅要让学生了解数学建模，更要引领学生实践数学建模，让学生在数学建模过程中提高分析问题、解决问题的能力，体会数学的应用价值。

（5）你知道与中学有关的数学模型吗？（　　）[单选题]

表 2-5　关于学生对中学有关的数学模型的了解度调查

选项	比例
知道很多	13.70%
知道	38.35%
只知道一点	34.25%
不知道	13.7%

如表 2-5 所示，34.25% 的学生只知道一点相关的数学模型，13.70% 的学生对中学相关的数学模型完全不知道，说明教师在日常教学中一方面应该告诉学生哪些问题是数学建模问题，要潜移默化培养学生的数学建模意识；另一方面应该深入挖掘教材内容，构建恰当的适合中学生解决的数学建模问题，培养学生的数学建模素养。

（6）你认为数学建模和数学实际应用题之间有什么关系？（　　）[单选题]

表 2-6　学生对于数学建模和数学实际应用题的看法

选项	比例
两者是同一概念的不同说法	16.44%
数学建模包含数学实际应用题	38.35%
数学实际应用题包含数学建模	36.99%
两者之间没有联系，不清楚	8.22%

如表 2-6 所示，不到一半的学生能够正确理解数学建模的内涵，准确把握数学建模与数学应用题之间的关系，大部分学生对于数学概念还是比较陌生，不理解数学建模的含义。

（7）你认为数学建模的情境是（　　）。[单选题]

表 2-7　学生对于数学建模情境的认知

选项	比例
现实问题转化为数学问题	20.55%
实际问题转化为数学问题，再回归到实际问题	71.23%
一个数学问题转化为另一个数学问题	4.11%
实际问题转化为计算问题	4.11%

如表 2-7 所示，大部分学生对于数学建模情境理解得比较到位，少部分学生不理解数学建模的情境。教师在日常教学中应该注意数学建模问题的渗透，在教学中注意创设问题情境，激发学生学习数学建模的兴趣。

（8）你认为数学建模的具体步骤应该是什么？（　　）[单选题]

表 2-8　学生对于数学建模的具体步骤的认知

选项	比例
提出问题—建立模型—求解模型—分析检验模型—应用模型	42.47%
提出问题—建立模型—分析模型—求解模型—检验模型	49.31%
提出问题—建立模型—解答模型—检验模型	0%
不清楚	8.22%

如表 2-8 所示，有 8.22% 的学生不清楚数学建模的步骤，42.47% 不理解数学建模的步骤，说明我们在实际教学中实施数学建模是不足的，经常有教师因为课时不够或是高考不易考查数学建模内容，就将有关数学建模的内容略过不讲，导致学生对数学建模过程不清，步骤不明。

（9）你认为建模的哪个环节最难？（　　）[单选题]

表 2-9　学生对建模困难环节的看法

选项	比例
发现和提出问题	20.55%
建立和求解模型	49.31%
检验和完善模型	15.07%
分析和解决问题	15.07%

如表 2-9 所示，学生对数学建模环节的难易程度反应不均，将近一半的学生认为建立和求解模型环节最难，大约五分之一的学生认为发现和提出问题环节最难，认为检验和完善模型环节最难和分析解决问题环节最难的学生各占 15.07%，这就要求教师在引导学生进行数学建模活动时要注意帮助学生建立数学建模思想，通过有效手段突破学生认为难以突破的环节。

（10）你认为利用数学建模解决问题时，模型和答案是唯一的吗？（　　）[单选题]

表 2-10　学生对利用数学建模解决问题时模型和答案唯一性的认识

选项	比例
模型唯一答案唯一	4.21%
模型唯一答案不唯一	16.33%
模型不唯一答案唯一	42.47%
模型和答案都不唯一	36.99%

如表 2-10 所示，大约 20% 的学生认为数学建模的模型是唯一的，约 80% 的学生认为模型不唯一，说明学生有寻求最优模型的意识，而认为数学建模答案唯一和不唯一的学生大约各占一半，说明学生对于数学建模解决什么样的问题得到什么样答案是不确定的。

（11）你认为数学建模只需要个人能力和思考，还是需要团队合作完成？（　　）[单选题]

表 2-11　学生对数学建模团队性的认知

选项	比例
只需要个人就能完成	8.21%
需要个人给出思路，团队合作完成	30.14%
需要团队合作解决问题	46.58%
不确定	15.07%

如表 2-11 所示，将近 80% 的学生认为数学建模是需要发挥团队的作用，通过合作来解决问题，其中 30.14% 的学生也认为需要给出个人思路，说明学生还是具备数学建模的主观能动性。超过 20% 的学生不认为团队合作是解决数学建模问题的最佳途径，教师在数学建模活动中，应该多给学生实践的时间，让学生充分体会到团队合作的有效性，学会合作。

（12）你认为数学建模需要哪些能力的积累？（　　）[多选题]

表 2-12　学生对于数学建模所需能力的认知

选项	比例
分析问题的能力	95.89%
数学解题能力	86.3%
运算能力	68.49%
丰富的跨学科知识	63.01%
团队合作能力	73.97%
创新能力	68.49%

如表 2-12 所示，所有学生都能意识到数学建模活动离不开自身分析问题的能力、数学解题能力、运算能力、丰富的跨学科知识、团队合作能力、创新能力等。

（13）你觉得中学生有必要开展数学建模吗？（　　）[单选题]

表 2-13　中学生对于开展数学建模必要性的认知

选项	比例
很有必要	27.4%
中等必要	46.58%
有一点必要	20.55%
没必要	5.47%

如表 2-13 所示，超过 70% 的学生认为有必要开展数学建模活动，大约四分之一的学生不认为数学建模是必要的，教师应该引导学生循序渐进开展数学建模活动，帮助学生认识数学建模的必要性。

（14）你愿意在学校学习数学建模方面的课程吗？（　　）[单选题]

表 2-14　学生对于在校学习数学建模的意愿统计

选项	比例
非常愿意	34.25%
可以试试	49.32%
勉强接受	10.96%
不愿意	5.47%

如表 2-14 所示，超过 80% 的学生愿意尝试数学建模活动，其余学生对数学建模的需求不多，教师应该挖掘教材内容，通过恰当的技术支持开展丰富多彩的数学建模活动，让学生体会到数学建模的必要性，增强对数学建模的兴趣，从而提升数学建模素养。

第二节　课程思政融入高中教学实践的路径

一、学术依据与提出背景

课程思政建设正在广大高校如火如荼地进行，将思想政治教育融入课程教学和改革各环节、各方面，实现立德树人润物无声的理念也已深入人心。[1] 高中课程思政建设也在蓄势待发的过程之中，但与高校相比，其在实施路径上有着很大的不同。从课程设置看，高中有统一的课程标准和教材体系，教学需符合课程标准要求；从教学实践看，高中的教学进度和课时有统一的指导，教师的自主权较小；从评价方式看，高中的过程性评价呈现不明显，学业水平考试和高考是其评价的重点。基于上述事实，在高中实现课程思政对于教师的限制较多，困难与阻力也更大。为了更好地将课程思政融入高中教学，需要厘清价值导向、融合方式、实践目标等问题，以期进一步进行有效的教学设计。而探索符合中学生发展特点、体现学科育人价值，实现立德树人的课程思政融合之路将是基础教育改革的重要方向之一。

二、国内外研究状况及选题价值

高中阶段是学生塑造和形成世界观、人生观、价值观的重要阶段，把高中阶段的思想政治教育任务内化到学科教学之中，有利于更好地完成育人目标，实现以立德树人为本的教育目的。学界有一种观点认为，课程思政不适用于基础教育，在基础教育中应突出学科的一般性德育功能。诚然，高中教育中学科德育是上一轮课程改革中所大力倡导的内容，而随着时代的发展，特别是网络文化的流行，高中生的信息接触面较十几年前相比已经大为不同，普通学科德育已经不能适应新时代的变迁，课程思政势在必行。当然，课程思政与学科德育一脉相承，有很多共性，课程思政融入学科教学也并非无源之水，而是与时俱进、更高水平、更具实践性的综合育人发展新阶段。基础教育阶段的课程思政融合尚处于初级阶段，尤其是实践路径和评价方式均为探索阶段，需要构建理论支撑、明晰实践路径、完善评价体系。

三、研究的主要思路

1. 研究内容

结合思想政治课程标准、学科课程标准、学生发展的核心素养三个方面确立学科课程思政融合契合点，结合每个契合点确立其表征。以高中数学为例，三个契合点为政治认同、科学精神、社会实践。结合契合点在学科教学中晓之以理，达成认知层面的认同；动之以情，实现思想情感的内化；导之以行，促进行为方式的转变；勉之以恒，发挥思政评价的功能，形成课程思政融合的有效模式和评价体系。

2. 总体框架

课程思政与学科教学融合的总体框架如图 2-13 所示。

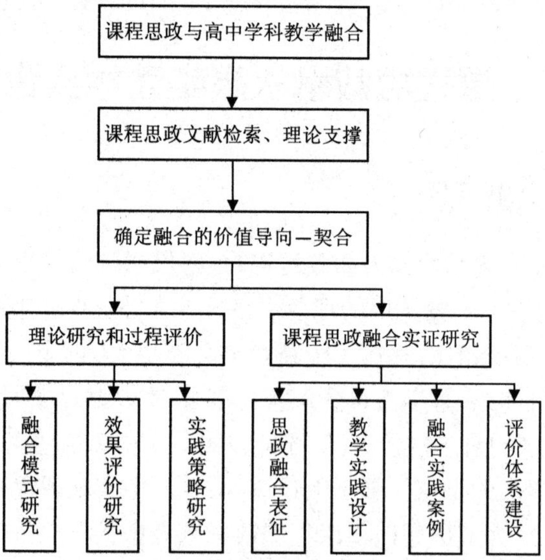

图 2-13　课程思政与学科教学融合的总体框架

3. 基本思路

以高中数学学科为例进行“麻雀研究”，确立课程思政与学科教学的契合点及其表征。结合契合点进行课程思政融合的教学设计和实践，通过案例研究探索其效果，设计有效的评价，探寻思政融合对于教师、学生带来的变化。逐步丰富案例形成模式，形成实践策略，将高中数学学科研究成果推广到高中的其他学科。通过多学科的实践检验，构建评价体系，归纳实践经验形成理论成果，推广理论成果在更广泛的区域进行再实践研究。

4. 研究目标

(1)落实立德树人目标。2016 年 12 月，习近平总书记在全国高校思想政治工作会议上强调，“其他各门课都要守好一段渠、种好责任田，使各类课程与思想政治理论课同向同行，形成协同效应”。研究课程思政与学科教学的有效融合的最主要目的就是在学科教学中有效落实立德树人指导思想。

(2)培养又红又专人才。各个学科的教师在育人观念上应达成协同，不仅要培养德、智、体、美、劳共同发展的人才，更要培养又红又专的中国特色社会主义事业接班人。打破“科学无国界”“知识无颜色”的错误论调，转变学生重知识轻思想的意识，在学科教学中体悟思政的理论，寓思政理论于丰富多彩的学习活动中。

(3)促进教师专业发展。促进教师实现教书和育人相统一，既做“经师”又做“人师”。提升教师的文化素养并规范教师的学术行为。

(4)转变学生学习方式。课程思政融入高中数学教学最直观的表现就是“做中学、学中悟”。只有主动地“探索”“发现”“经历”，学生才能够在获取专业“干货”之外，体会到更深刻、复杂的情感和学科思想方法，并形成政治认同。

5. 制定高中数学课程思政知识点

以高中数学必修一第二章 一元二次函数、方程和不等式 2.1 等式性质与不等式性质为例。

（1）教学目标。①梳理等式性质，类比等式和方程，理解不等式的概念。②通过比较等式与不等式共性及差异，掌握不等式的性质。

（2）课程思政目标。①能根据具体实例，灵活选择比较实数大小的办法，培养学生思辨能力。②能实现从代数与几何两个角度体会 a^2+b^2 与 $2ab$ 的大小关系；培养学生多角度分析问题的能力；感受中国古代数学的魅力，增强民族自豪感。③类比等式性质研究不等式性质，体会等式与不等式的联系与差异，使学生认识到“运算中的不等性”在研究代数问题中“引路人”的作用，学会认识事物的本质。

（3）达成课程思政目标的教学策略。①能利用两个实际问题引入两个实数大小的比较原则；体会数学来源于生活、服务于生活的特点。②讲述中国古代数学家赵爽的勾股弦图；引导学生从中体会中国古代数学家的成就及贡献，增强对我国文化的认同与自豪感，实现“以文化人”的价值；从代数几何两个角度解释其中原理，真正地做到学以致用。③利用等式与不等式的内在联系，归纳其蕴含的数学思想方法，并能从不同的角度证明并表述不等式的性质，从而加深对代数性质的认识过程；懂得发展重结果更重过程的道理。

制定高中数学课程思政知识点是为了顺利完成思政建设总体目标，即在学习数学和应用数学的过程中，学生能发展数学抽象、逻辑推理、数学建模、直观想象、数学运算、数据分析等数学学科核心素养。通过高中数学课程思政的学习，学生能提高学习数学的兴趣，增强学好数学的自信心，养成良好的数学学习习惯，发展自主学习的能力；树立敢于质疑、善于思考、严谨求实的科学精神；不断提高实践能力，提升创新意识；认识数学的科学价值、应用价值、文化价值和审美价值。

第三章　初次实施单元教学设计

第一节　课程标准模块　第一册第一章　集合与常用逻辑用语

一、内容解析

1. 集合的概念

从学生熟悉的集合(数集、点集、解集等)出发,教材结合六个实例,给出元素集合的含义,元素与集合之间的关系(属于、不属于)以及集合的两种表示方法——列举法和描述法,其中描述法是学习难点,难在对于共同特征的描述及符号表示,因此,课本以奇数集为例,详细阐述了何为共同特征以及如何用符号表示。

2. 集合的关系

引入一个新的数学对象——集合之后,从哪些方面研究以及如何研究?在集合间的基本关系和基本运算中,针对学生最熟悉的数学对象——数,提出两个问题:①两个实数之间有相等关系、大小关系,两个集合之间是否有类似的关系呢?②实数有加减乘除等运算,集合是否也有类似的运算呢?然后设置了两个观察栏目,安排了三组集合例子,这个过程就是让学生通过类比实数,发现和提出问题,通过观察例子分析和解决问题,通过概括共同特征,获得集合间的关系——包含与相等,以及集合的三种运算——交集、并集、补集。

3. 充分条件与必要条件

从对命题相关知识的回顾出发,聚焦于"若 p,则 q"形式的命题。首先,以 4 个典型的这种形式的数学命题为例,思考和分析它们的条件 p 与结论 q 的关系,由此引出三个常用的逻辑用语:充分条件、必要条件和充要条件。其次,借助于学生熟悉的数学命题,在辨析中明确方法:将判断 p 是否为 q 的充分条件、必要条件和充要条件的问题转化为判断命题"若 p,则 q"及其逆命题"若 q,则 p"的真假的问题。最后,列举"四边形是平行四边形"的充分条件、必要条件和充要条件,阐明了判定定理与充分条件、性质定理与必要条件、数学定义与充要条件之间的关系。

4. 全称量词与存在量词

以丰富数学实例创设情境:首先,从对命题的判断入手,通过对比,引入全称量词和存在量词的概念、符号以及全称量词命题和存在量词命题的概念;其次,在此基础上,探究如何写出全称量词命题和存在量词命题的否定,即根据量词的含义,直接对原命题进行否定,得到这些命题的否定的一种表述形式;最后,通过多次转化,将过于形式化的表述一步步改写成较为自然的、符合语言习惯的表述,由此观察出原命题和它的否定在形式上的变化,建立全称(存在)量词命题的否定与存在(全称)量词命题之间的关系。

二、学情分析

1. 学生的学习态度

本单元教学时选取丰富的实例，提高学生的兴趣；采用“小组合作方式”进行引导发现式教学，调动学生的学习热情，课堂也变得生动有趣。

2. 学生的数学基础

学生在初中的数学学习中已经接触过集合，对数集、点集等有了一定的感性认识，了解集合的含义及其性质并不困难。学生在初中学习了命题、真命题、假命题等概念，会判断一些简单命题的真假，对于充分条件的理解比较容易。

3. 学生的数学能力

高一的学生已经具备了一定的观察、分析、归纳能力，能够很好地配合教师开展教学活动。

三、单元学习目标

（1）通过实例，了解集合的含义，理解元素与集合的属于关系：能针对具体命题在自然语言和图语言的基础上，用符号刻画集合；在具体情境中，了解全集与空集的含义。

（2）结合具体实例，类比实数的关系，理解集合之间包含与相等的含义，能识别给定集合的子集。

（3）理解两个集合的并集与交集的含义，能求两个集合的并集与交集；理解在给定集合中的一个子集的补集的含义，能求给定子集的补集；能使用韦恩图表达集合的基本关系与基本运算，体会图形对理解抽象概念的作用。

（4）通过对典型数学命题的梳理，理解必要条件的意义。理解性质定理与必要条件的关系；通过对典型数学命题的梳理，理解充分条件的意义，理解判定定理与必要条件的关系；通过对典型数学命题的梳理，理解充要条件的意义，理解数学定义与必要条件的关系。

（5）通过已知的教学实例，理解全称量词与存在量词的意义，能正确使用存在量词对全称量词进行否定。

四、开放性学习环境

根据本章内容的特点，为了更直观、形象地突出重点，突破难点，调动学生的学习兴趣，总结了以下几个方面。

（1）在教学内容上选取丰富的实例，贴近学生生活的实际问题，提高学生的学习兴趣。

（2）在教学方式上采用小组合作方式进行引导发现式教学，像在游戏中学到了知识一样，学生分享自己的学习成果，以促进知识共享和团队协作。

（3）在信息技术方面，可以借助在线课程、教学视频、学习社区、开源软件等方便学生提前预习和课后复习。

★知识导入

培养学生数学表达能力

在实际教学中，我们经常发现这么一种现象，面对一个并不复杂的数学问题，很多学生却束手无策，究其原因，是学生在阅读获取数学信息的能力方面还存在着一定的不足，当学生对一个数学问题，连题都读不懂，问题又怎么解决呢？（如2000年全国卷第6题、第21题，2001年全国卷第12题、上海卷第12题）所以笔者认为数学教学应加大数学语言表达与互译的力度，学生对数学信息的理解、表达准确与否，以及能否熟练运用数学语言沟通和转译是学生数学素养的重要标志，也是教师培养学生数学表达能力的必要途径。

一、了解学生数学学习过程，领会新的教育理念

1. 了解学生数学学习过程，激发学生思维

在数学教学中，知识的呈现方式不但要遵循学生的心理特点、生理特点，还要适应他们的认知结构和建构活动。因此，教师要了解学生的数学结构，看看他的主观感知有什么问题，新知识应该如何修剪得正好适合于吸收到学生的数学知识结构中去。学生在想什么，在做什么。教师要了解学生已有的知识水平；了解学生优势与劣势；了解学生学习类型；了解学生学习习惯；了解制约学习任务完成的因素及激活与保持适度的学习心理状态的时间；了解学生数学学习过程中思维活动情况，从而有针对性地激活学生思维，引导学生观念上的不平衡，通过激发学生质疑—鼓励学生质疑—师生共同解疑的过程，暴露思维的发生发展过程，对学生的错误作诊断与纠正，加强思维训练，使学生学会思考问题。

2. 领会新的教育理念，促进数学交流

学生学习数学是一个在原有知识经验基础上主动地建构新知识结构的过程，是一个沟通新旧知识联系的意义赋予过程。知识只能由学生依据自身已有的知识和经验主动地加以建构。有成效的数学建构活动应由问题的提出开始，引入认知冲突，通过学生自己的探索和再创造，以及对社会建构的参与，获得问题的解决。为此我们的数学教学必须体现学生的积极参与，强调学生的自身体验、交流、共享。当我们有意识地让学生以口头或书面的方式把自己对某一数学知识的理解向他人表述并试图去理解别人的观点时，就是进行数学知识的交流。在交流过程中，学生把自己的理解向他人表述时，暴露了自己的思维过程，有利于学生相互间的切磋，有利于教师及时对学生进行指导。数学通过交流得以深入和发展。

二、加深对数学结构语言的理解，培养数学语言表达与交流

1. 数学结构语言关系

数学是人类根据自己的需要由抽象建构起来的，它的独立存在是通过符号、文字、图表、公式来实现的。只有当认识主体开始习惯数学的人为化现象和抽象性特点时，才能认为认识主体的数学品质得到了有效的提高。在数学知识的形成过程中，通用、精确、简约的数学语言是其重要特征。学生可能认识数学概念、公式、法则中的每一个字词及记号，但未必理

解其内在含义，将符号及表达式与数学对象、数学关系割裂，造成数学形式与内容分离，使数学学习形式化、表面化。因此，我们要加深对数学结构语言的理解，才能正确地使用。

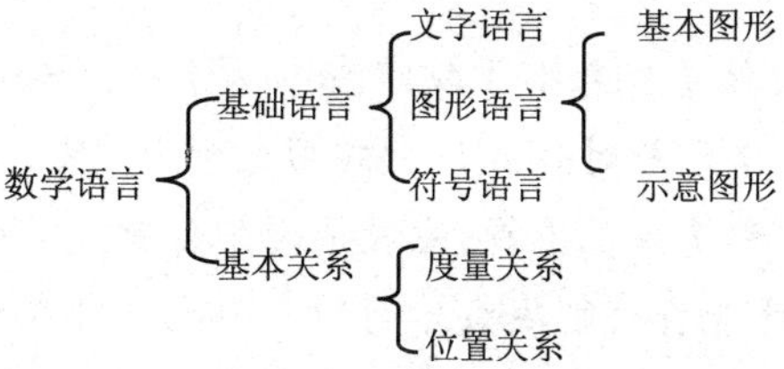

图 3-1　数学结构语言

2."教—导—试—收"模式

(1)"教"就是教师示范写出数学概念、定理的文字语言、符号语言、图形语言。高中数学中有很多概念比较抽象，为了帮助学生理解概念的内涵和外延，教师在课堂教学中努力体现数学语言结构关系，注重数学语言教学，主动培养学生的数感和符号感，示范写出数学概念、定理的文字语言、符号语言、图形语言，自觉将数学语言、数学符号、数学图形有机地结合起来，并运用于数学问题的解决之中。

(2)"导"就是教师指导学生模仿教师的示范。

(3)"试"就是教师放手，学生独立地尝试写出数学概念、定理的文字语言、符号语言、图形语言，并运用于数学问题的解决。如正弦型曲线 $y=A\sin(\omega x+\varphi)$ 的教学中，教师首先让学生用文字语言表述如何由 $y=\sin x, x\in R$ 的图像变得 $y=A\sin x$；$y=\sin\omega x$；$y=\sin(x+\varphi)$ 的图像，再猜想如何由 $y=\sin x, x\in R$ 的图像变得 $y=A\sin(\omega x+\varphi)$，$x\in R$ $(A>0,\omega>0)$ 的图像。教师提供本课时教学建构活动所需的原材料，让学生自己独立或协作地选择研究方法。探索数学结论在思考、比较、表达、交流甚至争论中进行各自的建构活动。学生在思考问题、整理思想的基础上，选择适当的数学语言，采用合适的表述方式，将解决问题的思想、解法、结论表述出来。这个过程中，有大量的数学知识的交流，包括人机互动交流、师生互动交流、生生互动交流。

(4)"收"就是教师及时收集学生运用的情况，释疑解惑，归纳总结。如在学习反函数时，学生知道函数 $y=f^{-1}(x)$ 是函数 $y=f(x)$ 的反函数之后，往往不由自主地将 $y=f^{-1}(x+1)$ 作为 $y=f(x+1)$ 的反函数记号来使用，他们将这一形式符号与数学对象割裂开来，导致错误。教师最好不要就符号论符号，而是通过实例分析，让学生自己动手，在具体问题情境中认识抽象数学符号的意义，通过释疑解惑，学生间的交流再作出判断，这种立足于归纳的推理过程，有助于学生对符号本质的领悟。师生交流、生生交流有助于学生对数学知识的理解不断加深。

教师通过对典型范例的精心处理，使学生从中学到准确理解数学语言、合理使用数学语言的经验，建立学生对数学符号、语句结构的正确表述。只要学生在自我学习中，形成了自觉地将概念、定理的数学语言写出，一个学期下来，学生的记忆模块里就会有很多图式，学生就会将当前学习内容所反映的事物尽量和自己已经知道的事物相联系，对这种联系加以认真的思考，主动去收集、假设、验证，积极建构，使知识外化。这样，学生不仅掌握了知识的内涵和外延，而且在学生的思考过程、交流过程中，使他们的数学表达交流能力得到了培养。

三、培养数学语言表达能力有助于学生学会学习

现代教育理论认为：学校教育应着眼于教学生学会学习，培养学生的自主学习能力，夯实学生“终身学习”的基础。今天的时代是终身学习的时代，只有培养了自学精神、自学能力，才能真正实现终身学习。教是为了不教，他教是为了自教。学生只有养成数学阅读的习惯，提高数学语言表达能力，才能自己解决数学问题。为此教师在讲授每部分知识前有意识的增设自读、自思、自问、自答、自圈、自点、自写、自查等环节，让学生自我感悟、自求所得。尽量多采取报刊或教学第一线的最新资料以增强学习的研究性与现实感，培养他们将现实生活问题转化为数学问题，即将生活问题转化为普通语言再转化为符号语言，从而转化为数学问题。就数学问题的解决而言，就是不断地变更、化归与转化数学命题。化归与转化当然是以数学语言作为思维的载体。虽然学生对数学语言的阅读理解与转译，确实还存在一定的差距，但是随着我们教学中加大数学语言理解与转译的力度，学生会在数学学习中不由自主地形成如下思维习惯，不仅提高了数学语言表达能力，培养了数感、符号感，而且能将生活问题数学化，促进数学地提出问题，培养了自主学习的能力，使学生学会学习。

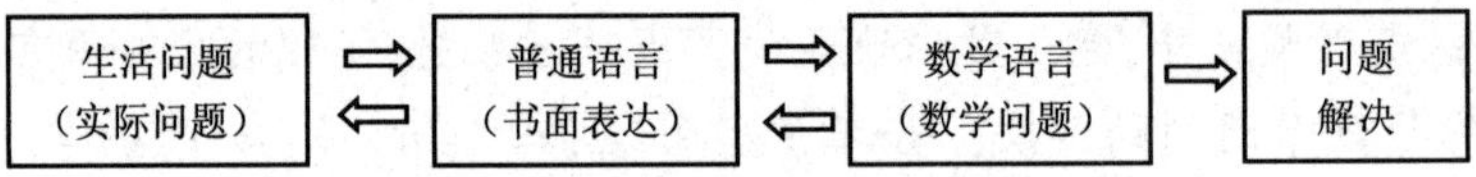

图 3-2　数学和实际问题的转化

数学通过交流才得到深入和发展。在交流中进行数学学习符合学生的认识规律，符合学生的身心发展特点。实践告诉我们，无论学生数学的基础好和坏，对其进行数学语言教学，培养数学语言表达能力，有利于学生间合作交流，学生在体验、交流、共享数学的同时，学会了将数学知识与数学思想结合起来，学会了在实际生活中运用数学，学会了如何思考问题，如何解决问题，从而学会了学习，学会了生活。

第二节　课程标准模块

第一册第二章　一元二次函数、方程和不等式

一、内容解析

本章内容为等式性质与不等式性质、基本不等式、二次函数与一元二次方程、不等式。本章是高中数学必修课程中的预备知识，起着初高中数学的衔接与过渡作用，内容包括“相等关系与不等关系”和“从函数观点看一元二次方程和一元二次不等式”。相等关系、不等关系是数学中最基本的数量关系，是构建方程、不等式的基础；方程和不等式都是重要的数学工具，在解决问题中有广泛的应用；用函数理解方程和不等式是数学的基本思想方法。

二、学情分析

学生在初中学习了等式、方程的知识，也经历了建立方程（组）模型解决问题的过程，为本节课提供了方法基础。通过教材中对于初中等式知识的梳理，学生可通过类比等式的内容和思想方法，探究不等式的相关内容，从而加深对“代数性质”的认识并在此过程中发展“四基”、提高“四能”。

三、单元学习目标

（1）梳理等式的性质，理解不等式的概念，掌握不等式的性质。

（2）掌握基本不等式，能用基本不等式解决简单的最值问题。

（3）结合二次函数的图像，判断一元二次方程实根的存在性及实根的个数，了解零点和根的关系；能借助二次函数图像求解一元二次不等式。

四、开放性学习环境

（1）创设问题情境。

（2）创设生活情境。

（3）创设大课堂情境。鼓励学生在日常生活中寻找数学问题，使课外学习和课堂学习结合起来。

（4）创设利用学生的学习成果的情境。教师要善于利用学生的学习成果，这一方面是指上课的题材应尽量来自学生，这会使学生感到更加亲切，而且同样能达到目标；另一方面，是指利用课堂上学生解题中所发生的错误为本节课的教学目标服务。

（5）创设开放题的情境。开放题是开放性教学的一种最好的操作方式。开放题可以是问题开放，可以是条件开放，也可以是综合开放，让学生在开放题的探索中促进发散思维、求异思维的发展。

★知识导入

思品教育与数学的融合，提升数学素养

等式性质与不等式性质——单元案例点评

课程思政是落实立德树人教育理念、实现三全育人的关键课程。思政融入高中数学教学要抓住政治认同、科学精神、社会实践三个契合点。晓之以理，达成认知层面的认同；动之以情，实现思想情感的内化；导之以行，促进行为方式的转变；勉之以恒，发挥思政评价的功能。借此达到落实立德树人目标、培养又红又专人才、促进教师专业发展、转变数学学习方式的目标。通过构建融合体系、立足数学文化、紧密联系实际、合理运用技术等策略推动课程思政与高中数学教学融合的理论化、规范化、常态化。

以数学学科核心素养为目标导向，培养“四基”“四能”为手段，开展理性思维和科学精

神为落脚点。数学课堂教学应把育智与育人结合起来,寓德育于学科教学之中。

在教学中我们一方面注意对教材中的德育资源的挖掘。尽可能地从知识的背景入手展开教学,让学生从历史人物、数学故事中感受数学的魅力,提高学生的民族自豪感,增强文化自信。另一方面我们也在教学方法中渗透德育教育。本节课在传授数学知识的同时很好地对学生进行了思品教育,传授知识的同时使学生进一步认识到了数学的价值,学数学,用数学,爱数学,学生存,爱生活,会生活。本节课用数学的方式育人,充分地发挥数学的内在价值,是一节非常成功的育人效果显著的数学优秀课。

一、教学内容的解析

本节课是选自 2019 人教 A 版《高中数学必修第一册》第二章"一元二次函数、方程和不等式"2.1 等式性质与不等式性质,处于高一年级起始阶段,学生在认识等式关系的数学经验下,研究不等关系和不等式的性质。教材首先梳理等式的性质,归纳其蕴含的思想方法,然后根据等式与不等式的内在联系,引导学生通过类比的研究方法,自主来发现、探究不等式的基本内容及其证明和应用。

《标准》对本节的学业要求是能够从函数观点认识方程和不等式,感悟数学知识间的关联,认识函数的重要性,掌握等式与不等式的性质。

方程与不等式是重要的数学工具,它们是刻画广泛存在于数学内外的相等关系和不等关系的基础,可以解决数学内外的各种问题,为学生高中阶段的学习做工具上的准备。并且,用函数的观点看方程和不等式是一种重要的思想方法,体现了数学知识之间的联系性和整体性,为学生高中阶段的学习做思想方法方面的准备。

用不等式来解决生活中的不等关系问题,用不等式表示不等关系是一种数学建模,准确理解题意,设定相关数量,是正确建模的关键;对具有多个不等关系的实际问题,要用不等式组来表示。

通过学习,学生感受日常生活中存在着大量的不等关系,树立规则意识并养成提出问题、分析问题、解决问题的习惯,感受数学在生活中的价值。

二、教学目标的设置

本节课重点:能用不等式(组)表示实际问题的不等关系,会用作差法比较两实数的大小,通过类比法,掌握不等式的简单应用。

本节课难点:运用不等式解决有关问题。

关键节点:相等关系、不等关系是数学中最基本的数量关系,是构建方程、不等式的基础。基本不等式是一种重要而基本的不等式类型,在中学数学知识体系中也是一个非常重要的、基础的内容。通过回顾梳理初中学习的等式内容,提炼出等式性质中蕴含的思想方法,用一次函数的观点看一次方程不等式中蕴含的思想方法,再把这些思想方法迁移到对不等式相关内容的学习中。

三、教学过程

新课导入，用实际问题引入日常生活中常见的标识牌，引导学生用不等式来解决生活中的不等关系问题，通过学生熟悉的标识牌，得到生活中的不等关系；警示学生作为社会活动的参与者应该规范遵守各项规定，规范自己的言行，提升规则意识。利用探究问题和问题串的方法引导学生深度学习，层层递进，学生体会从提出问题、分析问题到解决问题的建模过程。比如赵爽弦图，教师在教学过程中利用多媒体技术展现了其几何意义，从数学文化角度看，这些历史背景有助于学生理解基本不等式的实质，通过阅读材料感悟我国古代数学发展成就，树立文化自信。

四、教学建议

本节课的优点很多，而且在思品教育方面上很自然，不是说教式的教育，而是用数学的内在的力量解决现实问题，非常恰到好处，容易被学生接受，但是，这节课还存在优化的空间，比如学生自主讨论的时间，教师是怎么把握的。再有，学生在回答问题上，是否有充分的思考时间。

本节课是一节思品教育与数学融合非常成功的课，教师在立德树人观念之下，对于教材的分析，学生学情的分析以及知识分类分层清晰，突出了教学重点，化解了教学的难点。执教教师真正地精准理解了学生对等式与不等式的难以关联的地方，做好了备课备学生的所有准备，胸有成竹地完成了教学任务，做到了构建融合体系、立足数学文化、紧密联系实际、合理运用技术等策略推动课程思政与高中数学教学融合的常态化。

第三节　课程标准模块　第一册第三章　函数的概念与性质

一、内容解析

函数是现代数学中最基本的概念，是描述客观世界中变量关系和规律的最为基本的数学语言和工具。在高中阶段，函数不仅贯穿数学课程的始终，而且是学习方程、不等式、数列、导数等内容的工具和基础，在物理、化学、生物等其他学科中也有广泛应用。在高等数学中，函数是基本数学对象；在实际应用中，函数是数学建模的重要基础。

本章学习内容包括以下方面。

1. 函数的概念

在初中用变量之间的依赖关系描述函数的基础上，用集合语言和对应关系刻画函数，建立完整的函数概念，体会集合语言和对应关系在刻画函数概念中的作用，了解构成函数的要素，能求简单的定义域。

2. 函数的表示法

在实际情境中，会根据不同的需要选择恰当的方法（如图像法、列表法、解析法）表示函数,理解函数图像的作用。

3. 函数的基本性质

用代数运算和函数图像研究函数的单调性、奇偶性、最大(小)值等。

4. 幂函数

借助对这一类函数的研究,理解研究一类函数的内容、基本思路(定义及表示—图像与性质—应用)和方法。

5. 函数的应用

利用函数概念及其蕴含的数学思想方法解决简单的实际问题。

二、学情分析

1. 学生知识层面

通过初中函数相关知识的学习,学生具备了一定的知识基础;通过第一章集合相关知识的学习,学生对集合的认识也日渐提高。这从根本上为重新定义函数、探究函数的性质、揭示函数的本质提供了知识保障。

2. 学生能力层面

学生已具有一定的分析、推理和概括能力,初步具备了运用数形结合思想解决问题的能力,但数形结合的意识和思维的深刻性还有待进一步加强。

3. 学生情感方面

大多数学生对数学新内容的学习有很高的学习兴趣和积极性,但探究问题以及合作交流等能力仍需要通过课堂主渠道加以培养和提高。

三、单元学习目标

1. 函数概念

在初中用变量之间的依赖关系描述函数的基础上,用集合语言和对应关系刻画函数,建立完整的函数概念,体会集合语言和对应关系在刻画函数概念中的作用。了解构成函数的要素,能求简单函数的定义域。在实际情境中,会根据不同的需要选择恰当的方法(如图像法、列表法、解析法)表示函数,理解函数图像的作用。通过具体实例,了解简单的分段函数,并能简单应用。

2. 函数性质

借助函数图像,会用符号语言表达函数的单调性、最大(小)值,理解它们的作用和实际意义。结合具体函数,了解奇偶性的概念和几何意义。

3. 幂函数

通过具体实例,结合$y=x$,$y=\frac{1}{x}$,$y=x^2$,$y=\sqrt{x}$,$y=x^3$的图像,理解它们的变化规律,了解幂函数。

4. 函数应用

体会函数与现实世界的密切联系,初步理解函数模型是描述客观世界中变量关系和规律的重要数学语言和工具。

四、开放性学习环境

在函数概念学习过程中,首先可以组织学生收集、阅读函数的形成与发展的历史资料,结合内容撰写报告,论述函数发展的过程、重要结果、主要人物、关键事件及其对人类文明的贡献等;其次可以选取现实的情境,构建函数的一般概念,感悟抽象的不同层次。

在信息技术方面,可以借助 GeoGebra 等软件,绘制函数的图像,通过数形结合开展数学探究活动,让学生有更多的时间用于观察与思考函数的基本要素和抽象概念。

第四节　课程标准模块　第一册第四章　指数函数与对数函数

一、内容解析

本单元的主要内容是指数函数、对数函数这两种函数模型。本章共分五大节。第一大节指数与指数函数,该节首先引入整数指数幂和分数指数幂的概念。在初中已经学习了数的开平方、开立方以及二次根式的概念的基础上,本节复习了正整数指数幂、零指数、负整数指数幂的概念,并且复习了正整数指数幂的运算法则。有了这些知识,本章将指数幂的概念和运算性质逐步扩充到有理指数幂以及实数指数幂,接着通过两个具体的例子引入了指数函数,并对指数函数的图像和性质进行了研究。第二大节对数与对数函数,该节首先学习对数和对数的运算法则,然后再学习对数函数及其图像和性质,对数函数的图像是在画指数函数图像的对应值表的基础上描绘的,对数函数同指数函数一样,是以对数概念和运算法则作为基础讲授。接着,通过对指数函数与对数函数的关系的研究给出了反函数的含义,并对这两种函数的增长差异进行了比较。第三大节函数的应用,举例说明了指数函数、对数函数在经济学、物理学等领域中的应用。

本单元内容是在学完函数概念以及函数基本性质后的情况下,较为系统地研究指数函数、对数函数,它是函数内容学习的继续和深入。

本单元是在学习函数及其性质的基础上,具体研究指数函数、对数函数。这是高中函数学习的第二个阶段,目的是使学生在这一阶段获得较为系统的函数知识,并初步培养函数应用意识,为今后的学习打下坚实的基础,同时使学生对函数的认识由感性上升到理性。可以说这一章起到了承上启下的重要作用,本章所涉及的一些重要思想方法,对学生掌握基础的数学语言,学好高中数学起着重要的作用。

二、学情分析

学生在以前学习中,已经经历过“数”的扩充过程,由正整数到整数,由整数到有理数,再由有理数到实数,从而形成一个优美的体系。本章继续体现这样扩充的思路,实现指数概念的扩充进而进一步研究幂函数概念,依据两个原则:①数学发展的需要;②基本运算能无限制地进行，把“指数函数、对数函数”科学地组织起来，再一次体现充满在整个数学中的组织化、系统化的精神。

三、单元学习目标

（1）了解指数函数模型的实际背景。

（2）理解有理数指数幂的含义，通过具体实例了解实数指数幂的意义，掌握幂的运算性质。

（3）经历由指数得到对数的过程，理解对数的概念，掌握对数的运算性质。

（4）经历由正整数指数函数逐步扩充到实数指数函数的过程，由指数函数的概念、图像与性质得到对数函数的概念、图像与性质的过程，并通过具体实例去了解指数函数模型、对数函数模型的实际背景，掌握指数函数和对数函数的概念、图像以及性质。

（5）收集现实生活中普遍使用的指数函数和对数函数的模型实例，了解它们的广泛应用。

（6）利用计算工具，比较指数函数、对数函数以及幂函数增长差异；结合实例体会直线上升、指数爆炸、对数增长等不同函数类型增长的含义。

（7）了解指数函数$y=a^x\left(a>0且a\neq1\right)$与对数函数$y=\log_a x\left(a>0且a\neq1\right)$的图像关系，初步了解指数函数和对数函数互为反函数的关系。

（8）体验函数是描述客观世界变化规律的基本数学模型，体验指数函数、对数函数、幂函数等与现实世界的密切联系及其在刻画现实问题中的作用。

（9）运用现代信息技术学习、探索和解决问题。例如，利用科学计算器、计算机画出指数函数、对数函数和幂函数的图像，探索、比较它们的变化规律，研究函数的性质。

四、开放性学习环境

1. 培养学生的数学运算兴趣

通过情境创设，学生能够置身于一定的情境当中，充分发挥学生的主体性，让学生积极地去参与，去体验，提供学生展示运算成果的机会，鼓励不断创新的运算方式，利用信息技术验证运算，不断通过合理的训练提升学生的运算收获感。

2. 培养学生坚强的意志品质

在运算量大，运算较为烦琐的时候及时搭建脚手架，鼓励学生勇于挑战，克服运算时产生的紧张、胆怯、退缩的心理状态，有意识地培养学生的意志品质。在教学中根据学生的能力水平，选择适合学生的素材难度，根据学生的最近发展区合理地引导学生。

3. 加强教师引导和同伴互助

教师发挥主导作用，在一些关键问题、关键方法上要做到正确地示范，及时纠正学生的不良运算习惯，合理分析学生运算错误的原因，引导学生总结归纳错误原因，形成错题本等。加强同伴互助，课堂中合理设置学生活动，促使学生间互查互检，发现运算错误并及时改正。

★知识导入

课程思政融入高中数学教学实践的探索

课程思政建设正在广大高校如火如荼地进行，将思想政治教育融入课程教学和改革各环节、各方面，实现立德树人润物无声的理念也已深入人心。高中课程思政建设也在蓄势待发的过程之中，但与高校相比，其在实施路径上有着很大的不同。从课程设置看，高中有统一的课程标准和教材体系，教学需符合课程标准要求；从教学实践看，高中的教学进度和课时有统一的指导，教师的自主权较小；从评价方式看，高中的过程性评价呈现不明显，学业水平考试和高考是其评价的重点。基于上述事实，在高中实现课程思政对于教师的限制较多，困难与阻力也更大。为了更好地将课程思政融入高中数学教学，需要厘清价值导向、融合方式、实践目标等问题，以期进一步进行有效的教学设计。而探索符合中学生发展特点、体现数学育人价值，以及独具数学文化的课程思政融合之路是高中数学课程改革的必然方向。

一、课程思政融入高中数学教学的价值导向

确立高中数学教学的课程思政融合价值导向，需要关注高中思想政治课程的理念和数学课程标准中关于育人价值的双重精神，从而实现思政与课程的同向同行。就指导思想而言，高中思想政治课程须“紧密结合社会实践，讲授马克思主义中国化成果特别是习近平新时代中国特色社会主义思想，引导学生经历自主思考、合作探究的学习过程”“从而培育政治认同、科学精神、法治意识和公共参与等核心素养，逐步树立共产主义远大理想和中国特色社会主义共同理想，坚定中国特色社会主义道路自信、理论自信、制度自信、文化自信，基本形成正确的世界观、人生观、价值观”。另外，高中数学课程标准中指出，“高中数学课程以学生发展为本，落实立德树人根本任务，培育科学精神和创新意识，提升数学学科核心素养”“不断引导学生感悟数学的科学价值、应用价值、文化价值和审美价值”。若将数学学科特色与高中思想政治课程的理念相结合，则可以提炼出如下的契合点：政治认同、科学精神、社会实践。

政治认同包含拥护中国共产党的领导、理解习近平新时代中国特色社会主义思想、培育爱国主义情怀、展现中华文明和中华传统文化的自信、践行社会主义核心价值观、树立为中华民族伟大复兴的中国梦奋斗的志向等特点。科学精神包含认同马克思主义哲学、渗透辩证唯物主义思想观念、发展理性思维、鼓励批判思维和质疑精神、了解科研方法、培养科学研究意志品质等特点。社会实践则包含用数学解释社会生活的意识、理解依法治国的基本内涵、了解社会调查方法、提升动手操作能力和信息技术使用水平、增强团队合作能力和生涯规划能力、养成运用数学模型解决问题的习惯等特点。总而言之，在高中数学教学设计过程中，应充分考虑到上述三个契合点，将教学内容与上述相关特点紧密联系，在价值导向方面初步达成课程思政的融入，并为进一步的深度融合提供思想精神的基础。

二、课程思政融入高中数学教学的具体方式

1. 晓之以理,达成认知层面的认同

结合高中数学教学内容,创设认知冲突,将“大道理”融入实例中,对学生产生思想上的启示,从而实现思政与学科相融合的目标。如在函数概念的教学中,可以充分引证复兴号高速列车时间与速度的关系,空气质量中年份与 PM2.5 指数的关系,恩格尔系数逐年变化的规律等实例,引导学生寻找身边的中国速度,用事实展现习近平新时代中国特色社会主义思想指引下的国家发展成就。学生则可通过实例抽取出“对应”函数概念的实质,并对比中国近 10 年来空气质量的变化、恩格尔系数水平发展等,借以全面了解经济高速发展和生态环境保护协调发展所带来的人民生活质量的变化,增进对于思政理论正确性的理解。

在立体几何教学中,也可研究天津标志性的地标建筑,如津门津塔、天津站、天津文化中心、天津滨海文化中心、天塔等,从而分析建筑中图形的几何特征,抽象出棱柱、棱锥等概念,培养直观想象的素养。又或在播放 20 世纪 80 年代天津老风貌和今日天津大都市气质的比较课件过程中感受家乡的发展变化。抛物线的方程与性质教学,可利用天津市的桥文化为研究背景,将海河沿线的多座桥梁进行结构分析,通过探寻数学模型,利用绘图软件发现其特征,并自主构建抛物线方程。借此提升学生动手操作能力和模型建构能力,同时感受天津海河风貌的变迁,从而培育爱国爱家乡的情怀。统计的教学,则可由学生通过调查家庭用水、用电情况,引导学生用统计学的方法处理调研得到的数据,合理展示统计结果,并根据结果分析调查结论,从而认识到阶梯水价、阶梯电价的必要性,借此增进对国家环保政策和社会治理水平的理解。

2. 动之以情,实现思想情感的内化

数学教学不是传递、平移知识,也不是人们所讽刺的“颈部以上的”冷冰冰的理智活动,而是理智与情感共在的、鲜活的、有温度的活动。通过有效的活动设计可以促进情感内化,落实思政融合目标。例如,在数列与二项式定理的教学中,用围棋子来摆出数列的项或二项展开式,学生可自主研究离散型变量的特征,从而总结规律、归纳公式,进而通过推理加以证明。在这里,围棋子代替了中国古代数学家研究的对象,如草垛、酒坛、兵营等,直观地展现出中国古代数学家研究的过程,而作为中华传统文化的一部分,围棋子也得到了巧妙的运用。同样,在二项式定理教学中,适当介绍杨辉三角的背景同样有助于文化自信的树立。在数学历史上的 100 个重大发现中,帕斯卡三角位列第 36 位,虽然名为帕斯卡三角,但最早提出这种三角形的则是中国 11 世纪时的贾宪,比帕斯卡早 600 多年。由此,学生通过数学探究活动了解杨辉三角的背景,利用杨辉三角解决一些实际问题,能够充分体会中国古代数学家的深邃思想,从而激发起学生的民族自豪感和继承中国传统数学思想的决心。

与此同时,基于活动的情感认同需要动手实践,而实践中的体验也才最真实、最亲切。如以均值不等式教学中赵爽弦图为背景,学生通过制作、裁剪图形,可以体会古人用数形结合的方式研究勾股定理、均值不等式的思维智慧。三角函数教学中又可将水车背景和天津之眼相结合以绘制摩天轮简笔画,并利用简笔画找到时间与位置的对应关系,从而抽象出三

角函数 $f(x)=A\sin(\omega x+\varphi)$ 的模型，由此将传统与现代相结合，生产与生活相结合，既提升探究能力和水平，又感受到古代劳动人民的智慧。

从理性思维看，情感认同还体现在数学家力图用最简洁、最精确的形式化语言来刻画现实世界中的各种复杂现象及数学家敢于挑战、勇攀高峰的科学精神。集合的教学中运用符合表示元素与集合的关系、特殊的数集、集合的运算等，均体现了数学的简洁之美。同样，函数的发展史也体现了概念的不断完善、性质表达的不断简明。通过数学写作教学，学生选取感兴趣的课题介绍函数的发展，或介绍某位数学家对于函数的发展所做出的贡献，学生可以初步运用科研方法进行研究，提升其科研意识，体会数学家们的科学精神。而在选修推理与证明的教学中，学生还可通过哥德巴赫猜想的归纳过程和试图证明历程，感悟数学家探索数学难题的艰辛。而介绍陈景润对于哥德巴赫猜想的贡献，又是一次良好的爱国主义教育，能学习到我国数学家孜孜以求、坚持不懈的科研精神。

3. 导之以行，促进行为方式的转变

根据课程的内容、学生的兴趣爱好、心理特征和学习需求，灵活选择数学“课程思政”的教学模式，诸如小组合作、实践探究等。如带领学生到银行营业厅，引导学生提出与数学知识相关的问题，并利用其所学知识进行解释和解决。其观察对象如存款利率表、活期、一年期、三年期等，而存款不同年份即是指数函数问题；又如不同的用途推荐不同的存款方式即是策略问题——函数求最值；再如服务收费，不同的金额有不同的标准，这便是一个分段函数问题；汇率表，体现了函数对应的概念；汇率变化，体现了函数图像性质；计算不同年份的平均利率，便是求几何平均数问题。除数学问题以外，汇率的变化则体现了国家经济发展水平和人民币在国际上的认可度；电子银行体现科技的进步和发展，也引发网络财产安全的新问题；自助服务系统则与数学算法密不可分等。总之，将发现的问题进行深入研究，这本身就是一个不错的数学实践活动。而用数学的眼光观察世界、用数学的思维思考世界，在教师的指导下还可以用数学的语言表达世界。

再比如，测量身边的底部不可到达的建筑物高度问题乃是运用正弦定理和余弦定理解决有关测量距离的重要课题。可让学生组成合作小组，选择感兴趣的建筑物，从实际背景中抽象数学模型，将“不可测”问题转化为“可以算”的问题。解决该问题要在实际经历中提出问题、分析问题，进而建构数学模型、应用数学知识计算等。而在实践中，有学生提出要测量仰角来计算高度，教师则可以追问：怎么测量？用什么工具测量？从而提醒学生，事先设计出有效的测量方法和实用的测量仪器。另有学生提出比较测量物和参照物的影长，教师则追问：是同时测量好，还是先后测量好？由此提醒学生注意测量的细节。还有学生提出能否将测量地从操场换为教学楼，教师提示，要注意给定的已知限定，如果换为教学楼有什么更好的测量办法？从而提示学生要注意问题的实际背景，同时鼓励不同的设想思路。通过一系列的追问，引导学生在行动中将所知所学转化为研学的成果。由此，批判质疑的精神得到彰显，小组合作能力得到锻炼，克服困难的品质得到锤炼。

4. 勉之以恒，发挥思政评价的功能

还可以设计新颖的评价问题，借此综合考查学生的数学核心素养，并在评价中体现课程与思政的融合。例如对杨辉三角的考察，我国南宋数学家杨辉早在 1261 年所著的《详解九章算法》一书中，便给出了二项式系数表（图 3-3），而在欧洲，法国数学家帕斯卡在 17 世纪 50 年代才发现并使用了它。我国数学家利用杨辉三角做了广泛的研究，1303 年元代数学家朱世杰在《四元玉鉴》中关于三角垛的研究就是典型一例。如观察图 3-3 的第三斜列有如下规律 $3=1+2$、$6=1+2+3$、$10=1+2+3+4$ …，第四斜列有如下规律 $4=1+3$、$10=1+3+6$、$20=1+3+6+10$ …，第四斜列第 n 个数是第三斜列的前 n 个数之和，第五斜列同样有类似的规律，朱世杰则根据这一规律给出了一系列所谓“三角垛”公式（现代表示如下）：

$$\sum_{i=1}^{n} i=1+2+3+\cdots+n=\frac{1}{2!}n(n+1) \quad \cdots\cdots ①$$

$$\sum_{i=1}^{n}\frac{1}{2!}i(i+1)=1+3+6+\cdots+\frac{1}{2!}n(n+1)=\frac{1}{3!}n(n+1)(n+2) \quad \cdots\cdots ②$$

$$\sum_{i=1}^{n}\frac{1}{3!}i(i+1)(i+2)=1+4+10+\cdots+\frac{1}{3!}n(n+1)(n+2)=\underline{\qquad\qquad} \quad \cdots\cdots ③$$

在③式中当 $n=8$ 时其和为________，试猜想 $\sum_{i=1}^{n}\frac{1}{3!}i(i+1)(i+2)=$________.

本题来源于高中数学课本中选择性必修第三册的数学探究活动《杨辉三角的性质与应用》，体现了中国古代数学家的伟大创造成就，提升学生对于中华传统文明的认同，同时引导学生利用已有的数学知识大胆探索和尝试，不断创新。题目本身则考查学生阅读题目的理解能力，并重点考查数学抽象和逻辑推理的素养。

又如以下关于测量的题目。天津滨海文化中心地处天津滨海新区开发区，是天津乃至京津冀地区的标志性文化工程，其中滨海图书馆建筑独具特色，被称为“滨海之眼”。中心球状建筑引起了小明的注意，为了测量球的半径，小明设计了两个方案：方案甲，构造正三棱柱侧面均与球相切，底面边长约为 30 米，估计此时球的完整表面积为 ×× 平方米；方案乙，测量球被地面截得的圆的周长约为 16π 米，地面到球顶部高度约为 16 米，估计此时球的完整体积为 ×× 立方米，你认为哪种方案更合理？本题来源于学生实践，由学生实践报告修改而成，借此考查学生直观想象、数学运算等素养。其与生活实际相结合，从而感悟时代变化的时代情感也跃然纸上。

第 0 行	1	……第 1 斜列
第 1 行	1 1	……第 2 斜列
第 2 行	1 2 1	……第 3 斜列
第 3 行	1 3 3 1	……第 4 斜列
第 4 行	1 4 6 4 1	……第 5 斜列
第 5 行	1 5 10 10 5 1	……第 6 斜列
第 6 行	1 6 15 20 15 6 1	……第 7 斜列
第 7 行	1 7 21 35 35 21 7 1	……第 8 斜列
第 8 行	1 8 26 56 70 56 28 8 1	……第 9 斜列
第 9 行	1 9 36 84 126 126 84 36 9 1	……第 10 斜列
第 10 行	1 10 45 120 210 252 210 120 45 10 1	……第 11 斜列
第 11 行	1 11 55 165 330 462 462 330 165 55 11 1	…第 12 斜列

11 阶杨辉三角

图 3-3 杨辉三角

三、课程思政融入高中数学教学的实践目标

1. 落实立德树人目标

高中阶段是学生塑造和形成世界观、人生观、价值观的重要阶段，把高中阶段的思想政治教育任务内化到数学学科教学之中，有利于更好地完成育人目标，实现以立德树人为本的教育目的。学界有一种观点认为，课程思政不适用于基础教育，在基础教育中应突出学科的一般性德育功能。诚然，高中教育中学科德育是上一轮课程改革中所大力倡导的内容，而随着时代的发展，特别是网络文化的流行，高中生的信息接触面较十几年前相比已经大为不同，外部势力对于学生的文化入侵、思想入侵已经出现低龄化、隐形化的趋势，意识形态的争夺早已延伸到高中阶段，普通学科德育已经不能适应新时代的变迁，课程思政势在必行。当然，课程思政与学科德育一脉相承，有很多共性，课程思政融入高中数学也并非无源之水，而是与时俱进、更高水平、更具实践性的综合育人发展新阶段。

2. 培养又红又专人才

教育部原部长陈宝生指出：通过思想政治教育工作，为学生修筑一座“承重墙”，将来走向社会能够承重，能够经得起各种考验。思政教育工作者应该同各科专业课教师在育人观念上达成协同，不仅要培养德、智、体、美、劳共同发展的人才，更要培养又红又专的中国特色社会主义事业接班人。高中阶段是开启学生学涯规划、生涯规划的重要阶段，无论是进入高等学府深造还是进入社会工作都需要知识储备、方法积累和思想提升，单纯的数学知识不能够满足学生未来发展的需求。

高中数学教学还需面对不同层次的学生，提供适合学生未来发展的优质教育，而数学教学与思政育人的深度融合就是人人获得良好数学教育的抓手。课程思政倡导实践应用，数学的运用更不分专业和学历，建筑工人借助几何知识为地面找平，电力工人运用方程组运算较长导线的电阻，销售员运用统计知识进行产品调研，工程师利用数学原理进行各项设计，科研人员利用数学模型定量研究客观世界规律，学好用好数学是人人应该具备的品质，分工不同所用知识有差异而已。课程思政倡导培养对国家、对社会的有用之才，培养有社会责任感的新公民。作为高中教师，有职责让学生理解中华民族的伟大复兴不是一蹴而就，并明白幸福是奋斗出来的，全社会都需要发扬艰苦奋斗，自强不息的精神。这种精神的培养需要从根本抓起。

3. 促进教师专业发展

教师是课程思政的主导者，课程与思政相融合的效果取决于教师的育人意识和育人能力；反过来，在课程思政融合中，教师也得到多方面的专业提升。首先，促进教师实现教书和育人相统一，既做“经师”又做“人师”。数学专业的教师不能只做传授书本知识的“教书匠”，更要成为塑造学生品格、品行、品位的“大先生”。教师必须自觉树立牢固的育人意识，时时处处体现育人的职责，扭转偏重传授知识与能力，忽视价值传播的倾向。其次，提升教师的文化素养。课程思政的融合需要教师从文化素质教育的视角、弘扬中华优秀传统文化和通识教育的视角，将课程建设与思想育人有效结合。在精心设计、教学实施的全过程中提

升教学的艺术性。最后，规范教师的学术行为。课程与思政相融合的教学设计需要学术的严谨性和规范性，对于意识形态的把控要求很高。需要教师不断学习，提高自身的思想政治水平和党的政策理解水平，规范引用各项材料，对育人实践的研究进行深入考察，确保学术诚信。

4. 转变数学学习方式

课程思政融入高中数学教学最直观的表现就是“做中学、学中悟”。“会学”比“学会”更重要，本次课程标准修订的一个基本理念就是从关注“教”到关注“学”，把学会学习作为基本素养，每一个学科都需要结合学科自身特点予以落实。数学核心素养就是希望学生把数学最重要的东西变成自觉观念，落实在应用型的学习中。在学生的学习活动中，教师完全可以作为一名旁观者，观察学生的一举一动，减少提供支持，由学生探索问题，在总结和点评环节给予指导，实现学生学习能力的循序渐进提升。学生不仅要经历发现问题、分析问题、评价反思的思维活动，还要动手去做，亲自获取数据进行处理，做有规划的运算，通过讨论进行辨析。只有主动的“探索”“发现”“经历”，学生才能够在获取数学“干货”之外，体会到更深刻、复杂的情感和学科思想方法，并形成政治认同。

四、课程思政融入高中数学教学的实践策略

1. 整体规划，形成课程思政融合体系

课程思政融入高中数学教学需要纳入学校发展规划，结合学校的文化、校情、学情进行谋划。学科教师要群策群力，建立符合课程思政教学规律的课程体系，积累相关教学设计素材，进行研讨式的互评、互议；开展学生、家长层面的调查研究；开展课题研究或专题研究。有条件的学校还可以与高校签订合作协议，形成思政教育共同体，借助高校的资源提升学校的课程思政建设水平。一些地区可以在教育集团或区域联盟校内进行统一规划，分工进行不同教学内容的课程思政融合研究，在不同层次的学校进行比较研究，形成值得推广的课程思政融合体系和典型案例。结合课程标准要求可以开发符合高中生心理特征和能力水平的选修课程，在区域间进行共享，形成教育合力。

2. 文化为本，突出课程思政数学价值

课程思政融合要符合数学学科特征，最为体现数学学科特征的就是数学文化。数学文化狭义地说是有关数学的思想、精神、方法、观点、语言，以及它们的形成和发展。广义上看，除上述内涵以外，还包含数学家、数学史、数学之美、数学教育、数学发展中的人文成分，数学与社会的联系、数学与各种文化的关系等。而数学文化又绝不仅是一般数学史，数学之美，也不是关于数学家的个人故事，真正的数学文化是数学的思想、方法、观点与精神及其与社会的联系等。数学文化是数学课程思政育人的重要载体，具有文化特征的数学课程，有机融入社会主义核心价值观、中华优秀传统文化、革命文化和社会主义先进文化等教育内容，要体现经济、政治、文化、科技、社会、生态等发展的新成就、新成果，要培养学生社会责任感、创新精神、实践能力，进而落实习近平新时代中国特色社会主义思想。

3. 联系实际，利用实践实现思政融合

创建有利于课程思政融入的数学学习环境，实现情境自然导入。情境可以包含实际情境、科学情境、数学情境、历史情境。情境选择要便于理解学习内容和要完成的任务，循序渐进，还要考虑激发学生的兴趣和热情。例如立体几何中球体的研究，可用传统食品麻团进行导入，麻团又叫煎堆，呈球形，华北地区称麻团，是一种古老的中华传统特色油炸面食，寓意团圆。制作时需以糯米粉团炸起，加上芝麻而制成，有些包麻茸、豆沙等馅料，有些没有。那么，便可考查学生能否计算出给定大小麻团装入馅料体积的多少。这样的方式既容易引起学生共鸣，又宣传了中国特有的饮食文化。

更要引导学生在生活中发现问题，自主研究。如以苏州园林为研究背景，从园林建筑中寻找数学问题。或将建筑的斗拱拟合为函数模型，将其实用性、艺术性用函数方式予以表达；或探寻建筑结构体现的几何图形与建筑耐用性、采光性之间的奥秘；或借游客游园时间、容量与预定人数的测定来传导统计和概率知识等。这些问题的背后不仅反映了中国园林建筑的超然水平及文物保护的成果，还体现了中国古代文明与现代文化传承与互鉴的思政命题。

4. 运用技术，助力课程思政有效融合

中小学所有学科要通过信息技术与学科教学的深度融合，达到学科教学质量与学生综合素质的大幅度提升。这种提升可以从达到新课标教学目标的深度、解决实际问题能力的提高以及创新思维能力的发展这三方面来予以具体的衡量。与此同时，还要让学生的综合素质（包括思想品德、爱国主义、孝顺父母、关爱他人、坚忍不拔的心理素质、合作精神、仁爱之心等）得到良好的发展。多媒体软件是创设情境的必要方式，在真实的情境中才能引起学生的注意，激发学生的兴趣，导入预设的学习过程。利用图形计算器、GeoGebra 画板等探究工具可以实现绘图、函数拟合、统计、代数运算等功能，将课程思政中复杂的实际问题直观化。网络是学生进行自主探究和实践的必备工具，获取信息、整合信息、构建新知的过程有赖于网络予以实现。图形计算器配备的 stem 拓展包可为学生的创意插上实践的翅膀，任学生遨游于理想的世界。

从总体推进情况来看，课程思政还处于试点和推广阶段，关于课程思政的深度理论研究、实践经验凝练还未全面铺开。现阶段课程思政融入高中数学教学的关键之处，不在于理论的创设而在于实践的探索，需要进一步加强学科建设、师资建设、课程建设和教学改革研究，需要进一步整合资源、凝练经验、创新模式并广泛推行，应以习近平新时代中国特色社会主义思想为指导，围绕立德树人的中心环节，聚焦高中数学课堂，推动课程思政与高中数学教学融合的理论化、规范化、常态化发展。

第五节　课程标准模块　第一册第五章　三角函数

一、内容解析

三角函数是高中数学的重要基础知识，学生通过本章学习，能借助单位圆建立一般三角函数的概念,体会引入弧度制的必要性;能用几何直观和代数运算的方法得到三角函数的周期性、奇偶性、单调性和最大(小)值等性质,以及三角函数之间的一些恒等关系;能利用三角函数构建数学模型,解决实际问题,从而重点在数学抽象、逻辑推理、直观想象、数学运算和数学建模等素养上得到提升。本章在教学内容上起到一个承上启下的作用,为平面向量、解析几何等内容的学习做必要的准备。

二、学情分析

学生在初中已经学过锐角三角函数,它是用直角三角形边长的比来刻画的,在前面,学生还学习了函数的概念,具备了学习三角函数的概念的基础知识,同时,高一学生已初步具有抽象逻辑思维能力,能在教师的引导下独立解决问题,具有一定的能力基础。

任意角的三角函数是刻画周期变化现象的数学模型,它与“解三角形”已经没有什么关系了。因此,与学习其他基本初等函数一样,学习任意角的三角函数,主要是理解三角函数的概念、图像和性质,并能用三角函数描述一些简单的周期变化规律,解决简单的实际问题,学生在理解上可能有一定的困难。

三、单元学习目标

(1)了解任意角的概念和弧度制,能进行弧度与角度的互化,体会引入弧度制的必要性。

(2)借助单位圆理解任意角三角函数(正弦、余弦、正切)的定义,能画出这些三角函数的图像,了解三角函数的周期性、奇偶性。借助单位圆的对称性,利用定义推导出诱导公式。

(3)结合具体实例,了解 $y=A\sin(\omega x+\varphi)$的实际意义;能借助图像理解参数 A、ω、φ 的意义,了解参数的变化对函数图像的影响。

(4)同角三角函数的基本关系式。

(5)经历推导两角差余弦公式的过程,知道两角差余弦公式的意义,能从两角差的余弦公式推导出两角和与差的正弦、余弦、正切公式,二倍角的正弦、余弦、正切公式,了解它们的内在联系。

(6)会用三角函数解决简单的实际问题,体会可以利用三角函数构建刻画事物周期变化的数学模型。

四、开放性学习环境

1. 培养学生的数学运算兴趣

通过情境创设,学生能够置身于一定的情境当中,充分发挥学生的主体性,让学生积极地去参与、去体验,提供学生展示运算成果的机会,鼓励不断创新的运算方式,利用信息技术验证运算,不断通过合理的训练提升学生的运算收获感。

2. 培养学生坚强的意志品质

在运算量大,运算较为烦琐的时候及时搭建脚手架,鼓励学生勇于挑战,克服运算时产生的紧张、胆怯、退缩的心理状态,有意识地培养学生的意志品质。在教学中根据学生的能力水平，选择适合学生的素材难度，根据学生的最近发展区合理地引导学生。

3. 加强教师引导和同伴互助

教师发挥主导作用，在一些关键问题、关键方法上要做到正确地示范，及时纠正学生的不良运算习惯，合理分析学生运算错误的原因，引导学生总结归纳错误原因，形成错题本等。加强同伴互助，课堂中合理设置学生活动，促使学生间互查互检，发现运算错误并及时改正。

★知识导入

利用信息技术培养学生的主体意识

当前世界各国教育的发展的共同趋势是：学校教育的重点不再是追求知识传授的数量，而应该重视对人的主体意识的培养，重视人的潜能的开发，并使之具有持续发展的能力。主体意识是现代人的基本特征。处在复杂多变的现代社会，每个人都要主动去适应社会，经常对自己的活动作出选择，而且为了生存和发展，每个人都必须充分发挥主动性和创造性。所以主体意识是现代人应有的基本素质。

信息技术与学科整合，正是立足于时代的高度，针对未来人才培养的需求和目前中小学教育中的薄弱点，以及确定当前教育改革的方向和突破口而提出来的一项行动策略。将信息技术与学科课程的教与学融为一体。改进传统的教学模式，优化学生的学习方式，提高教与学的效率，是现代教育改革和发展的必然趋势。如何利用信息技术培养学生的主体意识呢？

一、创设情景，激发动机、兴趣，促进思维的主动性

创设问题情景就是设法使问题与学生的认知结构之间产生矛盾冲突，使学生可以凭借原所学得的知识和技能去理解这个矛盾冲突，通过主动地进行分析和探索，产生解决问题的方法。

例如，在学习 $y=\sin x$ 及 $y=A\sin(\omega x+\varphi)$ 的图像时，传统的“五点作图法”是教学中的一个难点。教师在画图时费时费力，学生也难于理解。使用课件，让学生自己去探究图像的变化，理解 A、ω、φ 各参数的意义，这样形象直观、生动活泼、理解深刻。而且学生获得的知识也不是被动接受，而是主动获取的。

二、构建多元联系表示的数学学习环境，为培养学生的主体意识打下坚实的基础

所谓多元联系表示，其基本思想是使用几种表示法表示同一数学概念，不同的表示法侧重于概念的不同方面，通过引导学生有意义地把几种表示法中的信息组合在一起，使不同方面建立起概念性联系，从而深刻、全面地理解概念，形成知识网络，为培养学生的主体意识打下坚实的基础。在实际教学中教师采取“教—导—试—收”模式。

“教”就是教师示范写出数学概念、定理的文字语言、符号语言、图形语言。高中数学中

有很多概念比较抽象，为了帮助学生理解概念的内涵和外延，在课堂教学中努力体现数学语言结构关系，注重数学语言教学，主动培养学生的数感和符号感，示范写出数学概念、定理的文字语言、符号语言、图形语言，自觉将数学语言、数学符号、数学图形有机地结合起来，并运用于数学问题的解决之中。

“导”就是教师指导学生模仿教师的示范。

“试”就是教师放手，学生独立地尝试写出数学概念、定理的文字语言、符号语言、图形语言，并运用于数学问题的解决。如正弦型曲线$y=A\sin(\omega x+\varphi)$的教学中，教师首先让学生用文字语言表述如何由$y=\sin x, x\in R$的图像变得$y=A\sin x$；$y=\sin\omega x$；$y=\sin(x+\varphi)$的图像，再猜想如何由$y=\sin x, x\in R$的图像变得$y=A\sin(\omega x+\varphi), x\in R, A>0, \omega>0$的图像。教师提供本课时教学建构活动所需的原材料，让学生自己独立或协作地选择研究方法。2006年高考大纲中文科和理科的三角函数部分，将考试要求中的“(5)了解正弦函数、余弦函数、正切函数的图像和性质，会用‘五点法’画正弦函数、余弦函数和函数$y=A\sin(\omega x+\varphi)$的简图，理解A、$\omega$、$\varphi$的物理意义”改为“(5)理解正弦函数、余弦函数、正切函数的图像和性质，会用‘五点法’画正弦函数、余弦函数和函数$y=A\sin(\omega x+\varphi)$的简图，理解A、$\omega$、$\varphi$的物理意义”，可见其重要性。探索数学结论在思考、比较、表达、交流甚至争论中进行各自的建构活动。学生在思考问题、整理思想的基础上，选择适当的数学语言，采用合适的表述方式，将解决问题的思想、解法、结论表述出来。这个过程中，有大量的数学知识的交流，包括人机互动交流、师生互动交流、生生互动交流。

“收”就是教师及时收集学生运用的情况，释疑解惑，归纳总结。如在学习反函数时，学生知道函数$y=f^{-1}(x)$是函数$y=f(x)$的反函数之后，往往不由自主地将$y=f^{-1}(x+1)$作为$y=f(x+1)$的反函数记号来使用，他们将这一形式符号与数学对象割裂开来，导致错误。教师最好不要就符号论符号，而是通过实例分析，让学生自己动手，在具体问题情境中认识抽象数学符号的意义，通过释疑解惑，学生间的交流再作出判断，这种立足于归纳的推理过程，有助于学生对符号本质的领悟。师生交流、生生交流有助于学生对数学知识的理解不断加深。教师通过对典型范例的精心处理，使学生从中学到准确理解数学语言，合理使用数学语言的经验，建立学生对数学符号、语句结构的正确表述。只要学生在自我学习中，自觉地将概念、定理的数学语言写出，一个学期下来，学生的记忆模块里就会有很多图式，学生就会将当前学习内容所反映的事物尽量和自己已经知道的事物相联系，对这种联系加以认真的思考，主动去收集、假设、验证，积极建构，使知识外化。这样，学生不仅掌握了知识的内涵和外延，而且在思考、交流过程中，他们的数学表达交流能力得到了培养。学生的主体意识得到了提高。

三、开展数学实验课，培养思维的独立性

著名数学教育家乔治波利亚曾指出：“数学有两个侧面，一方面是欧几里得式的严谨科学，从这方面来看，数学像一门系统的演绎科学；但是另一方面，在创造过程中，数学更像是一门实验性的归纳科学。”数学实验的引入，尤其是信息技术下的数学实验教学的渗透，给

我们的数学课注入了许多活力，更能给予学生一个“完整的数学”。

开展数学实验是信息技术与数学课程教材整合的一个重要手段。当脑子里出现某种数学思想时，你就通过计算机去实验一下。通过分析数学知识体系的基本成分，数学工具软件研制者将这些成分组织成可操作菜单选项，根据问题的条件构建数学学习平台。学习者可以通过对模型进行操作、探究和实验，从而使学生能从与传统方法不同的角度来学习数学。如在研究函数$f(x)=x+\frac{k}{x}$的性质时，学生不会仅停留在函数式的变化上，他们会任意给定一些k值，然后用图形计算器或计算机作出函数的图像。

学生了解图形后求$f(x)=x^3+\frac{3}{x}$的极值时就会理解其极大值-4比极小值4小的原因了。

因此，数学实验有可能改变学生所面对的数学对象和过程的性质，使学生学习数学家思考问题的方式和方法，从中体会数学探究的过程，培养了思维的独立性。

信息技术与数学教学的整合对教师的教产生了深刻的影响，有利于教师对数学语言文字、符号、图形、动画、实物图像、声音、视频等教学信息进行有效的组织与管理，能使过去难以实现的教学设计变为现实。

四、利用信息技术的“直觉”材料，培养思维的多维性

发挥信息技术的优势，做好图像（图形）变换实验。计算机卓越的图像功能，使数学教学发生了重大的变化，它比传统教学方式更能使学生理解数学，激发学生的兴趣。通过实验，学生置身于主动探索、发现和体验的过程中，极大地培养了学生数形结合和变换的数学思想，增强了学生主动学习、积极探索的意识和能力；极大地拓展了学生数学学习空间，使高水平深层次的数学思维活动得到有力的支持。

五、引导学生进行思维的整合，培养思维的深刻性

学习有两种方式：一是“学会”，功能在于获得已有的知识、经验，以增强解决当前已经发生的问题的能力；二是“会学”，功能在于通过学习提高一个人发现、吸收新知识、新信息的提出新问题的能力。引导学生有意识地通过信息技术从不同角度提出问题，发展学生的发散思维、批判思维、创造性思维和创新能力。在学生学与思的过程中知识被认知、内化、理解、储存和加工。学生利用信息技术充分地挖掘、收集、处理获取的信息，得到了新的结论，获得了成就感。

六、要充分体现使用信息技术的实效性

在传统的教学模式中，教师与学生往往是面对面的交流，教师可以用幽默的语言、潇洒的肢体动作、娴熟的教学技巧吸引学生认真听讲。在运用了信息技术的新教学模式下，我们也要尽量设计出一些具有“人性化”的人机对话，在课堂上增加师生的互动性。

例如曾经课堂中设计的“正弦型函数$y=A\sin(\omega x+\varphi)$的图像”的一个片段。学生可以

按照任意的顺序改变 A、ω、φ 的大小来探讨正弦型函数 $y=A\sin(\omega x+\varphi)$ 的图像和与正弦函数 $y=\sin x$ 的图像之间的关系，真正体现信息技术的优势。我们可以看到，信息技术与课程的整合能够最大限度地使学生跨越师生之间对教学内容的理解及认知过程体验上存在的鸿沟，既可以构建个别化的学习环境，也可以营造协作式学习氛围，使每个学生能够参与到学习的全过程之中，最大限度地实现认知过程与情感、体验过程的统一，学生在足够的信息支持下探索和发展知识的产生、发展和应用的过程，使学生真正成为学习的主人。

但是，根据现代心理学研究表明，由于信息技术的声、光、电的综合刺激，学生的大脑皮层若长时间处于高度兴奋状态，容易使身心疲倦。信息技术作为重要的教学媒介之一，既有正面作用，又有负面的影响，我们的高中数学课程教材与信息技术整合就是要充分发挥其正面作用和效益，使负面影响降到最低限度。所以，我们在教学设计中既要体现信息技术的优势，又要体现教师的主导作用，信息技术所展示的知识内容必须与教学内容和课型相适应，与学生的认知水平相适应，不能把所有的教学环节都用信息技术来展示，也不能用信息技术包办代替一切，更不能为了要用信息技术而用信息技术。例如，讲充要条件时，如果只是用信息技术将题目打出来，然后就给出答案，不留出足够的时间和空间让学生思考，课堂上的容量是增加了，但给学生的感觉好像是教师在放电影，电影放完了，学生什么也没有学到。因此，我们要分析什么教学内容该用信息技术、什么时候用信息技术、如何使用信息技术。要充分体现使用信息技术的实效性。

第六节　课程标准模块　第二册第六章　平面向量及其应用

一、内容解析

向量具有明确的几何背景和丰富的物理背景。其几何背景是有向线段，物理背景是力、速度、加速度等，因此自然想到可以利用向量解决一些简单的平面几何问题和物理问题。例如，利用向量可以解决平面内两条直线平行或垂直的判定问题，利用向量可以计算力对物体的做功等问题。三角形是平面几何中最常见、最重要的图形之一，对三角形的边赋予方向，这些边就成了方向向量。三角形的边角关系是三角形中最重要的关系之一，而余弦定理和正弦定理是刻画三角形边角关系最为重要的两个向量，他们为解三角形提供了基本而重要的工具。

二、学情分析

（1）学生已具备了一定的观察问题、分析问题的学习习惯，以及能从简单的物理背景及生活背景中抽象出数学概念的能力，这些都是学生学习本单元的基础。

（2）从物理背景引出向量运算的过程对学生来说仍然存在困难，特别是向量既有大小，也有方向，在向量的线性运算中，对于方向如何参与运算，学生没有直接的经验。

（3）向量的每一种运算都具有二重性，既表现为过程操作，又表现为一种对象、结构，这对学生整体理解每一种向量的运算也带来一定的困难。平面向量的加法具有丰富的物理背景,平面向量的线性运算蕴含着特定的几何意义,学生们原有的物理学习、几何学习的差异性也会直接影响他们对向量线性运算的学习。

(4)两个向量夹角的定义是指同一点出发的两个向量所构成的较小的非负角,因此对向量夹角定义理解不清而造成解题错误是一种常见的误区。同时,利用向量的数量积,可以解决两向量垂直问题,要深刻理解两向量垂直的充要条件,应用的时候才能得心应手。

(5)向量的数量积是一种新的向量运算,与向量的加法、减法、数乘运算一样,它也有明显的物理意义、几何意义,用途广泛。但与向量的线性运算不同的是,它的运算结果不是向量而是数量,这个不同点沟通了向量运算与数量之间的关系。

(6)对于向量的数量积运算,学生容易受实数乘法运算性质的负迁移的影响。

三、单元学习目标

本章的内容均是把实际问题转化为向量问题解决。用向量方法处理平面几何问题的基本思路是,先把几何图形中的元素用向量来表示,再借助向量的运算,研究图形中几何关系、几何元素之间的关系,然后把向量运算的结果翻译成平面几何的形式。向量在物理中的应用,实际上是先把物理问题转化为向量问题,然后利用向量运算解决转化而得到向量问题,再用所得的结果解释物理现象。教学中要引导学生注意两个方面:一是通过实例体会如何把物理问题转化为数学问题,即如何将物理量之间的关系转化为数学模型;二是如何利用数学模型的解来解释问题中所反映的物理现象,以此培养学生数学建模素养和向量角度分析及解决实际问题的能力。对于正余弦定理,教科书安排了一个探究问题:怎样用已知三角形的两边及其夹角来表示第三边?对此,教科书利用了向量的数量积进行探究,快速地获得了余弦定理,充分体现了向量的优势。事实上,当我们把三角形的两边用向量表示后,问题转换成了关于两个向量及其夹角的问题,于是自然想到了利用向量的数量积进行探究。对于正弦定理,由于涉及三角形的边角关系,并注意到探究余弦定理时利用的是向量方法,因此教科书仍然采用向量方法来研究上述关系,以此体现向量的工具作用。在正余弦定理的应用中主要是指解三角形在实际问题中的应用,通过对实际问题的分析建立相应的数学模型,把实际问题数学化及把实际问题转化为数学问题,以此培养学生的数学建模领悟能力,提高学生分析问题解决问题的能力。

四、开放性学习环境

(1)充分运用向量丰富的实际背景。加强数学知识间的联系,突出几何直观,展示应用特征和坐标价值。

(2)借助物理中的有关模型或借助与数的运算的类比。如借助位移的合成引出向量加法的三角形法则;借助与数的运算的类比,定义向量的减法。

(3)平面向量及其应用的内容蕴含了数形结合、类比、归纳、抽象等数学思想方法,是培养学生数学抽象、逻辑推理、数学运算、直观想象等数学学科核心素养的极好载体。

(4)在教学方式上采用“启发式”和“小组合作方式”进行引导发现式教学,激发学生的学习热情,增强课堂活力,培养学生感悟数学之美。

★知识导入

网络教育时代的教师角色

4月12日星期四,一早下起了小雨,下午雨虽然停了,但天还是阴沉沉的。“刘教师,拿10把椅子就够了吧?”青年教师武教师问我。“多拿一些吧!”“今天上午市教研,有课的教师已经把课调在下午了,不会有多少人来的”“就是,今天天气这么不好”“放心吧! 武教师,一定会有人来的。否则梁教师和刘教师不就白帮您备课了”。办公室里的教师们都在关心着将要上的那节数学课。

14:25,高一一班的教室里容纳了100多人,来自全区的一线教师们都关注着“数形结合思想在向量中的应用”这节复习课。一开课,武教师就通过设问启发学生复习旧知识,引导学生正确思考,激发学习兴趣。教学程序,采用启发式讲解、互动式讨论、反馈式评价的授课方式,借助幻灯片、几何画板的辅助教学,提高课堂效率,营造生动活泼的课堂教学氛围。特别是小组讨论、综合以前所学的知识,用数形结合思想和分类讨论思想探究问题的答案,一方面有利于学生对所学知识的串联、累积和加工,另一方面为下面变式训练作铺垫。同时培养学生的创新精神和合作意识;培养学生的自学能力和分析与解决问题的能力。

由此可见网络时代,学习者的主体地位得到实质性的提升,个性更为张扬。一方面,教师凭借已掌握或代表的社会文化知识而获得的中心地位已发生动摇,以过去经验(知识)作为资格证的“教师”将不再“合格”,教师的角色正在发生一个由“中心”向“边缘”的变化;另一方面,学生将获得一种角色的“扩张”,学习对他们来说不再是戏剧里所形容的“瘟疫”,相反,学生将更多地自我控制、自我负责地学习。教师更多的是帮助学生获得一些“学会学习”的方法和运用知识的能力,即教师更多地扮演着学生学习的促进者、引导者等角色。

网络教育时代的教师角色重构已成为当务之急。

在随后的各校评课中,梁教师首先对武教师的课前充分准备工作给予了认可,在区高中课改小组的领导的集体备课之后,武教师及时修改教案,最后圆满地完成了本课的教学任务。

有的教师说:“选题经典,从学生实际出发。学生对数形结合思想体会不周。”

有的教师说:“选题好,两种方法的比较,重难点突破,从教材要求来看,基础加中等。前面探究2、探究3时间紧凑一些。探究6可再展开一些。”

有的教师说:“探究2、探究4选题好,通过图形具体化。选题1代数法来得更快,可将探究1、探究2换顺序。”

有的教师说:“选题好,引入特殊图形较好,可再强化一些,探究2、探究3、探究4缩短时间。探究6会更精彩。”

有的教师说:“从浅入深,学生思路自然转化探究6好。”

有的教师说："此课很精彩，由浅入深，体现了数形结合思想的重要性。课件制作好，动态使学生感受很直观。"

17:00，在一片欢声笑语中，教研活动结束了。还处于兴奋状态的武教师一遍一遍地说："真没想到会来那么多教师，大家那么重视教研活动。今天我不仅仅展示了我自己的教学能力，而且我也学到了许多课本之外的东西，今后我一定要多参加教研活动，不断地给自己输入新鲜血液，不断地丰富自己。"

第七节　课程标准模块　第二册第七章　复数

一、内容解析

1. 复数的引入

通过解方程的形式，引入复数的概念，将实数系扩展成复数系。

2. 复数的表示与运算

复数由实部和虚部构成，形式可以表示为 a+bi，其中 a 和 b 是实数，i 是虚数单位。复数可以进行四则运算，包括加法、减法、乘法和除法。这些运算法则与实数的运算法则类似，但需要特别注意虚数单位的运算规则。

3. 复数的几何意义

复数与复平面内的点一一对应，复数的实部对应于横轴上的坐标，虚部对应于纵轴上的坐标。复数的模定义为点 Z 到原点的距离，可以用向量表示。

4. 复数的三角形式

通过复数的向量表示，可以得到复数的三角形式，即 r(cosθ+i sinθ)，其中 r 是模，θ 是辐角。复数的三角形式可以用来进行复数的乘法和除法运算，同时也可以用来进行复数的幂运算。

5. 复数相等的条件

两个复数相等当且仅当它们的实部和虚部都相等。

6. 共轭复数的概念

对于任意一个复数 z=a+bi，它的共轭复数是 z*=a-bi。共轭复数的实部相等，虚部相反。

总体来说，复数单元的内容主要涉及复数的表示、运算、几何意义以及共轭复数的概念等。在理解这些内容的过程中，需要充分运用实数的概念和运算法则，同时结合几何直观来进行理解和计算。

二、学情分析

1. 学生的数学基础

在学习复数之前，学生需要先掌握实数的基本概念和运算规则。学生如果对这些内容不够熟悉，那么在学习复数时就会感到困难。因此，教师需要了解学生对实数概念的掌握情况，并在教学中进行必要的回顾和加强。

2. 学生的理解能力

复数是一个抽象的概念，学生需要具备较强的抽象思维和空间想象能力才能理解。如果学生的这些能力不足，就难以理解复数的概念和性质。因此，教师需要了解学生的理解能力，采用直观、形象的教学方式帮助学生理解复数的概念和性质。

3. 学生的学习兴趣

学生对复数的学习兴趣也会影响他们的学习效果。如果学生对复数感兴趣，就会更加积极地参与学习，探索复数的各种应用。因此，教师需要采用多种教学方法和手段，激发学生的学习兴趣，增强他们的学习效果。

4. 学生的学习态度

学生的学习态度也是影响学习效果的重要因素。如果学生认为复数的学习不重要或者太难，就会缺乏学习的动力和信心。因此，教师需要帮助学生树立正确的学习态度，让他们认识到复数在数学中的重要性和在解决实际问题中的应用价值。

三、单元学习目标

（1）理解复数的概念、形式和表示方法。

（2）掌握复数的代数表示及其几何意义。

（3）理解两个复数相等的含义。

（4）能正确使用复数形式进行句子的构成和表达。

（5）能正确理解并运用复数的运算规则进行计算。

（6）培养学生对复数问题的探究精神和创新意识。

（7）培养学生对数学问题的严谨性和抽象性思维。

（8）提高学生对数学学习的积极性和主动性。通过本单元的学习，学生将能够全面掌握复数的基本知识和技能，提高数学素养，为后续数学学习和生活奠定坚实的基础。

四、开放性学习环境

复数开放性学习环境是一种利用复数数据类型进行开放性学习的计算环境。在这种环境中，学习者可以通过使用复数数据类型来探索各种不同的学习领域，并利用开放性学习的方式进行自主学习和创新。

复数开放性学习环境通常包括以下特点。

1. 复数数据类型的支持

复数开放性学习环境能够支持复数数据类型的处理和计算，包括实部和虚部的加减乘除、指数运算、三角函数运算等。

2. 开放性学习资源的提供

该环境通常提供各种开放性学习资源，如在线课程、教学视频、学习社区、开源软件等，以便学习者可以自由地选择适合自己的学习内容和方式。

3. 自主学习和创新的空间

学习者可以在这个环境中自主选择学习路径、制订学习计划，并利用复数数据类型进行探索和创新。同时，该环境也鼓励学习者分享自己的学习经验和成果，以促进知识共享和团队协作。

4. 学习工具和插件的支持

复数开放性学习环境通常提供各种学习工具和插件，如计算器、绘图工具、数据分析工具等，以便学习者可以更方便地进行数据处理和分析。

5. 在线协作和交流

该环境支持在线协作和交流，学习者可以通过社区论坛、在线聊天等方式与其他学习者进行交流和合作，分享学习心得和经验。

第八节　课程标准模块　第二册第八章　立体几何初步

一、内容解析

本章是高中数学学习的重点之一，通过研究空间几何体的结构特征、直观图、表面积和体积等，运用直观感知、操作确认、度量计算等方法，认识和探究空间图形及其性质，使学生建立起空间概念，掌握思考空间几何体的分类方法。在认识空间点、直线、平面位置的过程中，进一步提高了学生的空间想象能力，发展推理能力，通过对实际模型的认识，学会将文字语言转化为图形语言和符号语言；以具体的长方体中的点、线、面之间的关系作为载体，使学生在直观感知的基础上，认识空间中点、线、面之间的位置关系；通过对图形的观察和实验，使学生进一步了解平行、垂直关系的基本性质以及判定方法，学会准确地使用数学语言表述集合对象的位置关系，并能解决一些简单的推理论证及应用。本章内容在每年的高考中必考，在选择题、填空题和解答题中均有出现，分值在 20 分左右，主要考查线面平行、垂直关系。

二、学情分析

直线与直线垂直是所有垂直的基础关系，在初中已经学过矩形、直角三角形等垂直关系，本节重点介绍了异面直线所形成的角，对平面中直线与直线的垂直关系进一步深化，也为后面线面垂直、面面垂直打下基础。

线面垂直是空间中线线垂直位置关系的拓展，又是面面垂直的基础，是空间中垂直关系转化的关键。同时，它又是学习直线和平面所成角、平面与平面的距离等后续知识的基础。因此，这部分内容在教材中起着承上启下的作用。本节课的学习，可以培养学生提出猜想、验证猜想、作出数学发现的意识，增强“平面化”和“降维”的转化思想，以及发展空间想象能力。

两个平面垂直的判定定理是平面与平面位置关系的重要内容。通过学习可以发现：直线与直线垂直、直线与平面垂直、平面与平面垂直的判定和性质定理形成了一套完整的证明体系，而且可以实现利用低维位置关系推导高维位置关系，利用高维位置关系也可以推导低维位置关系，充分体现了转化思想在立体几何中的重要地位。这节的重点是判定定理，难点是定理的发现及证明。

平面与平面的垂直是两个平面的一种重要的位置关系，是继教材在直线与直线的垂直、直线与平面的垂直之后的迁移与拓展。这一章的学习对理顺学生的知识构架体系、提高学生的综合能力起着重要的作用。

三、单元学习目标

（1）利用模型以及计算机软件工具，认识柱、锥、台、球及其简单组合体的结构特征，并能运用这些特征描述现实生活中简单物体的结构。

（2）会使用材料（如纸板）制作简单空间图形（长方体、球、圆柱、圆锥、棱柱等的简易组合）的模型，会用斜二测法画出它们的直观图。

（3）了解柱、锥、台、球的表面积和体积的计算公式。

（4）理解空间直线、平面之间的不同位置关系，并了解教材中可以作为推理依据的公理和定理。

（5）以立体几何的上述定义、公理和定理为出发点，通过直观感知、操作确认、思辨论证，认识和理解空间中线面平行、垂直的有关性质与判定。

（6）能运用已经证明过的结论去证明一些空间位置关系的命题。

四、开放性学习环境

充分利用已有的教育资源，引导学生去收集信息资源，扩展知识层面，在讨论中学习。积极利用远程教育资源，实现资源共享。在立体几何的学习中要求学生扩大视野，鼓励他们在网上查找相关资料，从而真正实现一种辐射，培养学生多元化收集、选择和应用的能力。数学教学质量的高低，在很大程度上取决于是否能充分发挥学生参与和学习的积极性。因此，探究开放显得尤为重要，这就要求教师积极引导学生拓展问题空间，增强教材内容的开放性。

第九节　课程标准模块　第二册第九章　统计

一、内容解析

通过实际问题情境，引导学生学习随机抽样、用样本估计总体、统计案例的基本方法，使学生了解用样本估计总体及其特征的思想，体会统计思维与确定性思维的差异；通过实习作业，让学生较为系统地经历数据收集与处理的全过程，进一步体会统计思维与确定性思维的差异。

二、内容主线

从数据收集到数据分析整理是本节内容的主线。通过实例引出抽样的必要性，抽样时所应考虑的问题，样本的质量（代表性）和所推断的结论之间的关系，介绍了两种基本的抽样方法——简单随机抽样和分层随机抽样。通过不同途径获取数据，目的是获得总体分布信息，教科书接下来介绍了几种获得总体分布信息的方法，其中包括总体取值规律的估计、总体百分位数的估计、总体集中趋势的估计、总体离散程度的估计及统计案例在解决实际问题中的应用。

三、学情分析

学生从小学到初中都接触了统计知识，在每个阶段都要学习收集、整理、描述和分析数据等处理数据的基本方法，教学要求随着学段的升高逐渐提高。在此基础上，本章通过实际问题，进一步介绍随机抽样、用样本估计总体、统计案例的基本方法。

四、单元学习目标

（1）普查与抽查、简单随机抽样、总体平均数与样本平均数，获取数据的途径。

（2）频率分布表和频率分布直方图，总体百分位数的估计，计算平均数、众数、中位数，并判断总体的集中趋势，计算方差与标准差，并利用方差与标准差估计总体的离散趋势。

五、开放性学习环境

充分利用网络资源体现数学理论的实际应用价值，联系生活现象、整合教材内容、分组讨论、代表发言，培养学生的科学精神、提高学生科学素养、锻炼学生的思维能力、开拓学生创新思维。数学教学质量的高低，在很大程度上取决于是否能充分发挥学生参与和学习的积极性。因此，探究开放显得尤为重要，这就要求教师积极引导学生拓展问题空间，增强教材内容的开放性。

★知识导入

网络教育时代的数学实验

一、背景

在教育领域，网络的介入使得网络教育这种新型的教育形式应运而生。其影响，不仅表现为教育手段的丰富，而且可以促进教育改革，可以创造教师在教室里的新形象，可以突破如学时、课程、专业及年级的限制。当然，网络在给教育的改革与发展注入生机的同时，也将对传统的以“课堂、教材、教师”为中心所构建的教育理论与实践产生强力冲击。对于作为教育活动的具体承担者、组织者和执行者的教师而言，尽管教育技术永远不能代替友爱教学，但其传统权威与职能无疑面临新的考验，立足传统角色及其范式基础上的角色重构已成为当务之急。

网络教育环境也将为教师角色的重构提供契机，进而实现新的超越。一方面，在网络时代和知识经济时代，教师凭借已掌握或代表的社会文化知识而获得的中心地位已发生动摇，以过去经验（知识）作为资格证的“教师”将不再“合格”，教师的角色正在发生一个由“中心”向“边缘”的变化；另一方面，学生将获得一种角色的“扩张”，学习对他们来说不再是戏剧里所形容的“瘟疫”，相反，学生将更多地自我控制、自我负责的学习。由此来看，伴随社会传播媒介的发达和渐次普及，教师面对的不再是纯粹“白板式”的心灵，学生也将不再完全依赖于学校和课堂去获取所需要的知识和信息，因而，教师也就不再是输送文化和施加教育影响的唯一途径，教师更多的是帮助学生获得一些“学会学习”的方法和运用知识的能力，即教师更多地扮演着学生学习的促进者、引导者等角色。

著名数学教育家乔治波利亚曾指出：“数学有两个侧面，一方面，是欧几里得式的严谨科学，从这方面来看，数学像一门系统的演绎科学；但是另一方面，在创造过程中，数学更像是一门实验性的归纳科学。”数学实验的引入，尤其是信息技术下的数学实验教学的渗透，给我们的数学课注入了许多活力，更能给予学生一个“完整的数学”。

开展数学实验是信息技术与数学课程教材整合的一个重要手段。当你脑子里出现某种数学思想时，你就通过计算机去实验一下。通过分析数学知识体系的基本成分，数学工具软件研发者将这些成分组织成可操作菜单选项，根据问题的条件构建数学学习平台。学习者可以通过对模型进行操作、探究和实验，从而能从与传统方法不同的角度来学习数学。因此，数学实验有可能改变学生所面对的数学对象和过程的性质，使学生学习数学家思考问题的方式和方法，从中体会数学探究的过程。

二、实验理论依据

认知心理学主要采用信息加工观点去研究人的认知过程，提出人如何认识世界、学习和储存知识，如何加工利用知识去解决问题，力图从所建立的心理思维、智能模型来指导教学和学习过程。这种学习观和学习理论恰巧推动了网络教育，是我们实验研究的依据。

三、实验方法原则

1. 主体性原则

最大限度地拓展学生主体活动空间，最大限度地提供学生思维情境和引导深度，只有在充分发挥学生主动思维探索前提下才有深层的认知。

2. 基础性原则

使实验取得较好教学效果，需引导学生将新知识信息与自身原有的认知体系的基础联系起来，并在差异中寻求突破，使知识在不断地顺应和重组中提高，新的认知结构是在基础的应用中形成提升优化的。

3. 平衡性原则

信息技术的使用为学生学更多更深的数学提供了可能，也为学生更好地理解和应用数学开拓了广阔空间。但是它不能代替基础的数学活动，因此，使用信息技术与传统的纸笔运算、画表作图达到一种平衡。

四、网络环境下的数学实验教学模式的探究

网络教育把传统的由教师、学生构成的“人—人”教育系统发展为由教师、网络、学生三者构成的“人—机—人”的新型教育系统，在相当程度上，教师由台前隐退到台后，由权威者泛化为多重身份，其角色内涵的发展，还呈现出由“单兵作战”向群体协作、共同攻关转变的特点。e-Educators（网络教育者）、WEB教师（在网络平台上工作的教师）的出现，既体现了以网络技术为媒介的教育方式对教师素养的新要求，又大大丰富与拓展了教师角色的内涵。教师能够有意识地通过信息技术从不同角度提出问题，引导学生用不同方法解决问题，发展学生的发散思维。不仅可以设置各个参数的动态变化，引导学生通过总结、分析，从而掌握事物发展变化的规律，促进学生主动学习、积极思维，引导学生的创造意识，还有利于学生批判性思维、创造性思维的发展和创新能力的培养。

例如，在指数函数的数学实验活动课中，让学生解决如下问题：

（1）为什么要规定$a>0$且$a\neq 1$？

（2）函数$y=a^x(a>0$且$a\neq 1)$的定义域和值域分别是什么？

（3）函数$y=a^x(a>0$且$a\neq 1)$在定义域内的单调性怎样？

（4）函数$y=a^x(a>0$且$a\neq 1)$的图像总过哪一个定点？

（5）函数$y=a^x(a>0$且$a\neq 1)$值是什么时候大于1，什么时候小于1？

（6）归纳函数$y=a^x(a>0$且$a\neq 1)$的性质。

学生利用信息技术进行充分的挖掘、收集、处理获取的信息，探索出指数函数的性质，并给出证明，获得了成就感。

发挥信息技术的优势，做好图像（图形）变换实验。计算机卓越的图像功能，使数学教学发生了重大的变化，它比传统教学方式更能使学生理解数学，激发学生的学习兴趣。通过实验，使学生置身于主动探索、发现和体验的过程中，极大地培养了学生数形结合和变换的数学思想，增强了学生主动学习、积极探索的意识和能力。

信息技术与课程的整合能够最大限度地使学生跨越师生之间对教学内容的理解及认知过程体验上存在的鸿沟，既可以构建个别化的学习环境，也可以营造协作式学习氛围，使每个学生都能够参与到学习的全过程之中，最大限度地实现认知过程与情感，体验过程的统一，学生在足够的信息支持下探索和发现知识的产生、发展和应用的过程，使学生真正成为学习的主人。

第十节 课程标准模块 第二册第十章 概率

一、内容解析

(1)通过对具体事例,帮助学生建立随机实验的概念,并通过对随机实验结果的数量表示,建立样本空间的概念,为概率的学习打好基础,并加深对概率思想方法的理解。

(2)事件的关系与运算是随机事件的后续部分,学生将通过新旧知识的对比来进行自主学习,同时通过合作探讨来理解和掌握新知识的实际含义。由于事件的抽象性,所以教学时将大量采用"韦恩图"帮助学生理解事件的关系,同时强调区分事件关系、运算与集合的关系、运算的区别与联系。从而发展学生的直观想象、逻辑推理、数学建模的核心素养。

(3)古典概型是非常重要的一种概率模型,学生要理解并掌握古典概型的特征及如何求古典概型的概率。这一部分在教材上起到承上启下的作用,既是对前面内容的进一步应用,又为后续概率的性质做好铺垫。

(4)从定义出发研究概率的性质,例如概率的取值范围、特殊事件的概率、事件有某些特殊关系、它们的概率之间的关系等,注意对概率思想方法的理解。

(5)在已学互斥事件和对立事件基础上进一步了解事件之间的关系,相互独立性是另一种重要的事件关系,注意对概率思想方法的理解。发展学生的直观想象、逻辑推理、数学建模的核心素养。

(6)帮助学生认识频率与概率的关系,即事件的概率越大,意味着事件发生的可能性越大,在重复实验中,相应的频率一般也越大;事件的概率越小,则事件发生的可能性越小,在重复实验中,相应的频率一般也越小。进一步让学生体会概率与统计的思想,发展学生的逻辑推理核心素养。

(7)用频率估计概率,需要做大量的重复实验,借助计算器或计算机软件可以产生随机数,也可以根据不同的随机试验构建相应的随机数模拟实验,这样就可以快速地进行大量重复试验了,从而达到利用随机模拟试验求概率的目的,培养学生数据分析的核心素养。

二、学情分析

(1)本单元内容是高中概率的起始,在学习概率之前,学生在初中已经学习了概率的概念,因此对于概率有一定的了解,对于概率的求法也有一定的掌握,这为后面学习样本点、古典概型、事件的关系和概率的运算奠定了基础。但一方面,学生对于事件和概率的认知上感觉简单,停留在表面层次上,知识量较少且单一,并没有系统的认识;另一方面,学生对有些概率的计算缺乏具体的过程,或不明白其中的原理,缺乏严谨的思维习惯。

(2)学生在学习了古典概型的计算以及概率的相关性质之后,对概率已经有了一个基本认识,而且已经知道了什么是积事件,了解了积事件表示的意义,但是相互独立事件和互斥事件是不同的两个概念:互斥事件,是两个事件不同时发生;而相互独立事件是指两个事件互不影响，与是否能同时发生无关。目前学生判断事件是否独立、是否互斥、是否为对立关系不是很灵活。

（3）虽然学生已经具备了一定的归纳、猜想能力，但在数学的应用意识与应用能力方面尚需进一步培养。多数学生能够积极参与研究，但在合作交流意识方面，发展不够均衡，有待加强。学生明白事件的概率越大，意味着事件发生的可能性越大，反之就越小，但也有些人认为概率和频率是相等的，且非等可能的事件概率不容易判断。

三、单元学习目标

（1）通过具体实例，类比和归纳，理解样本点、有限样本空间和随机事件的含义，并且能理解三者之间的关系。

（2）在随机事件的基础上，通过新旧知识的对比，让学生理解事件的并、交、互斥的含义，能利用事件的交、并运算解决常见问题。

（3）进一步认识古典概型，总结归纳古典概型中简单随机事件的求法。

（4）引入一些特殊的事件，类比推理出特殊事件的性质和概率的运算法则。

（5）通过具体实例，理解两个事件独立性的含义，并且能判断事件之间是否独立。

（6）结合古典概型，利用独立性计算积事件的概率，提高学生的数学运算能力和数学素养。

（7）在具体情境中，了解随机事件发生的不确定性和稳定性，了解频率的意义以及频率与概率的区别，提高学生数学抽象的核心素养。

（8）会用概率的意义揭示生活中的实例，理解频率和概率的关系，并能用随机模拟的方法估计概率。

四、开放性学习环境

1. 创建试验环境

本单元中数学概念都是在试验中提炼得出的，因此创设学生易操作、好理解、能说明现象的试验，比如创建抛硬币、掷骰子、随机抽取球观察颜色等试验环境。培养学生善于观察生活，并用数学的观点解释生活现象的意识。

2. 提升模型意识

引领学生可以将随机抽取试验归类，可以设计小组合作讨论，将随机抽取归类于有放回抽取和无放回抽取，把握两种抽取方式的区别，以此培养学生的模型意识和善于总结的学习习惯。

3. 鼓励技术操作

在生成均匀随机数的实验中，鼓励学生用计算器或者 Excel 表格等产生随机数。小组合作研究，组内学生自行操作，更加熟悉操作工具，让学生进一步熟悉利用信息技术产生随机数的过程，并收集数据，在分析数据的过程中落实数据分析核心素养。

★知识导入

新课标背景下高中数学教学模式的探究

一、新课标背景下高中数学的教学原则

在此背景下,教师在教学中应遵循以下教学原则。首先,遵循“素养优先”的教学原则。明确数学抽象、逻辑推理、数学建模、直观想象、数学运算、数据分析素养的培养要求,并围绕高中数学课程教学内容组织相应的教学活动,以此锻炼学生的数学综合能力,确保高中数学课程能够有效发挥育人作用。其次,遵循抽象与具体相结合的原则。由于高中数学教学内容具有一定的抽象性,学生在学习方面存在一定的困难。对此,教师应当应用具象与抽象相结合的教学手段为学生讲解高中数学知识,让学生充分理解数学概念、数学性质、数学原理,确保学生有效掌握数学知识。最后,遵循理论与实践相结合的原则。课程教学中,教师不仅要为学生细心讲解数学知识点,还要积极将典型例题、变式问题、拓展习题、应用案例等实践教学内容呈现给学生,通过组织学生实践应用,锻炼学生的数学运算、数学建模、数学应用能力,提升高中数学课程教学的有效性。

二、高中数学教学中存在的问题

1. 学生缺乏对数学的学习兴趣

高中生面临着高考的高压和沉重的学业任务,难免出现一些消极的厌学心态。经过对全国高中生实际状况的调查研究表明,百分之八十的学生觉得数学知识很难掌握,而由于高中数学内容逻辑性强、整体性高,同时存在着很大的抽象性,再加上高中教学任务繁重,教师上课的速度也相比于初中要快不少,许多学生不能及时地跟上教师授课的节奏。一旦在学习中遇到的难题没能及时得到正确解决,就会严重影响他们以后的学业,久而久之他们对很多数学知识都不能完全掌握,从而无法合理利用所学知识处理数学问题,严重地挫伤了他们的自信心,长期下去他们就产生了厌学情绪。

2. 教学形式过于传统和单一

高中数学教材内容对于学生们来讲是非常枯燥乏味的,同时随着高中生的进一步学习,高中数学知识点的综合性、系统化更加完善,高中生们需要经过一个循序渐进的过程进一步地完善自己的数学知识系统。在这个过程中,学习者只有自主地学习、自主地思索、自主地探索才能取得良好的成效。但在以往的高中数学教学模式上,多数教师仍然采取常规的、单调的填鸭式教学方法,没有根据学生的兴趣以及具体兴趣进行教学,只是一味地根据自己的想法来备课以及设置教学模式。传统单调的教学模式不但未能有效调动学生的积极性、增加他们对数学学习的兴趣,反而还会增加他们的厌学情绪。

三、新课标背景下高中数学教学模式优化措施

1. 做好充足课前准备，奠定高效教学基础

做好课前准备是保证课程高效进行的前提。新课标背景下，高中数学承担的育人任务更重，如果教师仍然沿用传统的教学设计，容易影响课程的有效性。实际教学中，教师应从新课标要求、学生发展需求两方面出发，设计课程的教学目标、教学重点和难点，并准备导学案、教学课件、知识结构图、案例习题等教学内容，为课程教学的顺利开展奠定基础。例如，教学湘教版高一数学必修第一册常用逻辑用语一课时，教师可以先根据新课标的相关要求明确课程的主要教学目标。如：让学生了解基本的逻辑用语，形成良好的逻辑分析素养；让学生理解命题的概念，能把一个命题写成“若 p，则 q”的形式，形成良好的数学抽象素养；让学生学会运用常用逻辑用语描述现实生活问题，形成良好的数学建模素养；等等。明确课程知识教学目标与素养培养教学目标后，教师可以提炼课程教学重点及难点，如“命题的概念”“生活的逻辑”“‘若 p，则 q’形式”等，确定教学内容。之后，教师可以围绕教学目标、教学重点、教学难点设计导学案，制作多媒体课件，并将生活中的逻辑案例编入教学内容中，以此拉近学生与“常用逻辑用语”的距离，从而强化学生的数学学习积极性。根据案例，教师在授课前综合新课标设计的教学目标，提炼教学重难点，并整合课内外教学资源，为课程的高效教学打下坚实的基础。

2. 打牢基础，抓好学科重点教学

与其他通识学科相比，数学具有高度的抽象性与严密的逻辑性，对学生空间想象、思维推理等能力的提升有着十分重要的现实意义。因此，在实际教学中，教师应加强思维能力的培养，立足基础知识，构建完整的知识脉络与结构，在保证课堂教学进度的同时，降低学生的学习难度，从而提高他们对基本理论知识的认识和掌握效率。同时，新高考倡导教师回归本源，即围绕数学的实用价值，转变以往“知识讲解＋知识练习”的教学模式，注重学生思维的启发，制定多元化的教学方案，真正做到分类施策、因材施教，以满足不同层次学生能力发展的需求。以“函数的应用”一课为例，作为数学学科的重要知识，其涵盖了多个领域的知识，如图像、公式、过程推导等，对学生基础能力的要求较为严格。而在实际学习中，很多同学都会出现知识混淆、理解混乱等问题，不仅影响了自身学习积极性的发挥，而且对教师教学工作的开展也造成了一定阻碍。因此，在开展教学前，首先，教师应充分利用好备课环节，整理本节课的基础知识点与公式，提前下发至学生，以帮助学生抓住主要学习方向。同时，教师还可收集学生希望在本节课学到的知识与内容，以此对现有的教学结构予以调整，从而确保教学工作与学生能力发展相契合。其次，在教学中，教师应注重情境问题的引导，并融入相应的生活问题，帮助学生对函数概念定义进行快速梳理，以便后续教学工作的开展。在讲解一些抽象复杂的知识点时，如函数单调性、奇偶性，教师还可设置阶段性的学习任务，引导学生从函数公式构成、性质等内容出发，并借助多媒体教学设备进行图像推导，以此培养学生良好的数学建模思维能力，提高学习质量。

3. 教授解题技巧,提高解题效率

高中数学习题中有很大一部分可以一题多解,使用不同的解题方法,往往解题速度和解题准确率有着很大的差别。新高考对于学生解题能力的要求较高。因此,对于教师而言,尤其需要鼓励学生一题多解,以此培养学生的思维能力。另外,在一套数学试卷中,不同题型的解题技巧是有很大的差异的。对于选择题,不必像解答题那样写出完整的解答步骤,在很多情况下,可以使用特值法来解答,有时候排除法也能够使解题效率得到提升。对于应用题和填空题,在使用常规方法不能很好地解答时,使用数形结合、等量代换、分类讨论等方法也许能够取得意想不到的效果。在学生平时的解题训练中,教师也需要对学生一题多解的思维进行培养。如在讲授“直线与方程”这一章节的过程中,需要学生对直线的一般方程的表现形式非常熟悉,要明确各表达方式的适用范围,这样学生遇到有关题型的时候就能够选择合适的解题方法。如题目给出 x 轴和 y 轴上的两个点的时候,往往需要使用截距式;题目给出在象限中的两个不同的点的时候,往往需要使用两点式。在求解圆和直线的位置关系类题目的时候,通常会运用到两种数学思想,一种是数形结合思想,另一种是分类讨论思想。但是,学生在考试的时候,往往会因为紧张而忘记了分类讨论。因此,这就对学生平时的解题训练提出了较高的要求,学生要在教师的指导下通过适量的习题训练来培养解题思维。此外,教师还可以指导学生将平时做错的习题汇集成册,这样可以帮助学生总结解题中经常犯的错误,帮助学生提升解题能力,促进学生解题效率的提高。

4. 开展小组合作学习,提高学习效率

由于高中数学知识点的综合性和逻辑性比较强,所以当学生面对一些抽象难懂的数学知识的时候就会比较吃力,甚至可能对高中数学失去学习兴趣。为了提升学生的学习效率,教师可以在课堂教学中适当引入合作学习模式。新高考背景下的数学学科对于高中生的能力发展要求越来越高。高中生完全可以通过合作学习的方式来弥补自己的不足。在这个过程中教师可以对学生进行分组,针对某一个数学专题的某一个问题进行讨论,甚至可以组织一些数学竞赛。这样的合作学习不仅能够使学生的数学思维能力得到提升,而且能够提高他们的团队合作能力。如在“立体几何初步认知”的分组讨论环节,教师可以对学生进行合理分组,在这一过程中需要考虑到学生性格特点、学习能力的差异。然后,引导学生对新高考重点考查的几何内容进行深入的合作探讨。如可以布置学习任务,要求学生通过小组合作的形式,讨论球体体积的计算方法。在这个过程中,教师需要进行巡视,掌握各个小组的学习进度,在适当的时候给予学生点拨和引导,这样可以提升学生的学习效率。

简言之,在新课程教育背景下,教师通过巧用信息计划、巧设学习任务、巧创课堂情境等手段和方式,对高中数学课堂教学模式进行创新和优化,既是提高教学效率的一项举措,也是落实党的教育方针、践行素质教育理念的必然路径。在以现代化、自主化等为主要特征的数学教学模式中,学生获得了自主学习和探究的机会,他们的自主意识和思维能力大大增强,这对于提升教学效益、推动高中生综合发展大有裨益。

第四章　再次实施单元教学设计

第一节　课程标准模块　第一册第一章　集合与常用逻辑用语

一、学情分析

强化数学建模的应用意识。

二、单元学习素养目标

(1)学生经历从集合的实例中抽象出集合共同特征的过程,以此让学生感知集合的含义,培养学生抽象概括的能力,发展学生的数学抽象等核心素养。

(2)借助集合语言,研究常用逻辑用语,提升学生的逻辑推理素养。

(3)在基本理解了"集合与常用逻辑用语"单元的新概念和知识的基础上,再以数学知识为载体,用集合语言和常用逻辑用语来表述和研究数学问题,也是帮助学生学会如何用数学的眼光观察,用数学的思维思考,用数学的语言表达,提升学生的数学思维。

本章内容属于"预备知识",定位是帮助学生完成初高中数学学习的过渡。通过本章的学习,学生能够在现实情境或数学情境中,概括出数学对象的一般特征,并用集合语言予以表达;初步学会用三种语言(自然语言、图形语言、符号语言)表达数学研究对象,并能进行转换;掌握集合的基本关系与基本运算;能够借助常用逻辑用语进行数学表达、论证和交流,体会常用逻辑用语在数学表达中的作用。因此,本章授课时要特别关注通过抽象的数学符号语言的学习,提升学生数学表达的抽象层次,从而做好初高中数学学习的过渡。

三、开放性学习环境

增加了师生互动及效果评价和学生作业展示。

★知识导入

运用符号原理,提高教学水平

高中数学的总目标是,加深对数学基本概念、原理和法则的理解,提高学生数学地观察和处理事物现象的能力,通过数学活动培养学生创造性的基础的同时,使学生认识到数学思想方法的优越性,进一步培养学生积极运用数学知识和数学思想方法等的态度。突出强调在数学活动中培养学生创造性的基础。

创造性的基础不仅包括自学能力、逻辑思维能力、表达力、判断力、想象力、直觉能力,欣赏数学表现和处理的美、领会数学思想方法的优越性等丰富的情感也属于创造性的基础。

如何培养学生数学表达能力，运用符号原理，提高教学水平呢？

一、了解学生数学学习过程，激发学生思维

数学教育的对象是学生，他们是数学教育活动的主体。学生获得数学知识、掌握数学技能、发展数学能力，以及养成良好的数学心理品质，都是在不断的数学学习过程中逐步完成的。现代数学教育理论的最大突破点就在于它认识到：在讨论“教的规律”之前，首先必须了解“学的规律”，即研究学生是“如何学习数学”的问题。揭示数学学习的内在规律，有利于教师采取积极有效的教学方法，提高数学教学的质量。

在数学学习活动中，无论是新知识的接受，还是纳入，都取决于学生原有的数学认知结构。依据学生认知结构的变化，我们认为数学学习过程可以分为四个阶段：输入阶段、相互作用阶段、操作阶段和输出阶段。在任何条件下，已有的数学认知结构总是学习新数学内容的基础。这说明教师在教学时首先要考虑学生知道了什么，掌握到什么程度，然后再考虑教学内容的难易程度、呈现序列等问题，确保学生原有认知结构和新数学知识相互作用的顺利进行。

在数学教学中，知识的呈现方式不但要遵循学生的心理特点、生理特点，还要适应他们的认知结构和建构活动。因此，教师要了解学生的数学结构，看看他们的主观感知有什么问题，新知识应该如何修剪得正好适合吸收到学生的数学知识结构中去。学生在想什么，在做什么？教师要了解学生已有的知识水平；了解学生优势与劣势；了解学生学习类型；了解学生学习习惯；了解制约学习任务完成的因素及激活与保持适度的学习心理状态的时间；了解学生数学学习过程中思维活动情况，从而有针对性地激活学生思维，引导学生观念上的不平衡，通过激发学生质疑—鼓励学生质疑—师生共同解疑的过程，暴露思维的发生发展过程，对学生的错误作诊断与纠正，加强思维训练，使学生学会思考问题。进而养成灵活应用数学的态度，给学生以学习数学的动力和信心。

二、促进数学交流，培养学生数学表达能力

学生学习数学是一个在原有知识经验基础上主动地建构新知识结构的过程，是一个沟通新旧知识联系的意义赋予过程。知识只能由学生依据自身已有的知识和经验主动地加以建构。有成效的数学建构活动应由问题的提出开始，引入认知冲突，通过学生自己的探索和再创造，以及对社会建构的参与，获得问题的解决。为此我们的数学教学必须体现学生的积极参与，强调学生的自身体验、交流、共享。当我们有意识地让学生以口头或书面的方式把自己对某一数学知识的理解向他人表述并试图去理解别人的观点时，就是进行数学知识的交流。在交流过程中，学生把自己的理解向他人表述时，暴露了自己的思维过程，有利于学生之间相互切磋，有利于教师及时对学生进行指导。数学通过交流得以深入和发展。

三、运用符号原理，加深对数学结构语言的理解

在表示数学知识时，要根据学生的情况，考虑是通过一系列实例呢，还是通过一些概念和原理，或是一系列符号。布鲁纳的符号原理指出，如果学生掌握了适合于他们智力发展的

符号,那么就能在认知上形成早期的结构。数学中有效的符号体系使原理的扩充和新原理的创造成为可能。例如,当表示方程的符号形成之后,就能学习解多项式方程的一般方法。对于中学低年级的学生,表示函数的最好方法是使用以下的符号:□=2△+3,其中□和△代表自然数。逐渐地用 $y=2x+3$ 来表示函数,到高中,可以以下述形式给出函数概念:$y=f(x)$ 是 x 的函数,如果集合 X 中的每一个元素 a 在 Y 中存在唯一的元素 b 和它对应,使得 $b=f(a)$。用螺旋式的方法来建构数学中的符号体系。这里的螺旋式方法指的是以直观的方式引进每一个数学概念,并使用熟悉的和具体的符号表示数学概念的方法。简单地说,符号原理就是要根据学生的智力发展水平,使其达到相应的抽象水平。

从实际问题入手,在富有情趣的氛围中,加大数学语言表达与互译的力度,通过教师的引发,学生的探究、讨论,不断激发学生合理使用数学语言,建立学生对数学符号、语句结构的正确表述,加深对数学概念、定理、图形的理解。

高中数学中有很多概念比较抽象,为了帮助学生理解概念的内涵和外延,注重数学语言教学,在教学中笔者认为主要有两方面值得注意。

一方面是教师自身必须注重数学语言教学,在课堂教学中努力体现数学语言结构关系,主动培养学生的数感和符号感,示范写出数学概念、定理的文字语言、符号语言、图形语言,自觉将数学语言、数学符号、数学图形有机地结合起来,并运用于数学问题的解决之中。

另一方面是教师要给学生充分的交流时间。教师通过典型范例的精心处理,在具体问题情景中认识抽象数学符号的意义,通过释疑解惑、学生间的交流再作出判断,这种立足于归纳的推理过程,有助于学生对符号本质的领悟。师生交流、生生交流有助于学生对数学知识的理解不断加深。

笔者认为数学教学应加大数学语言表达与互译的力度,学生对数学信息的理解、表达准确与否,以及对数学语言能否熟练地沟通和转译是学生数学素养的重要标志,也是教师培养学生数学表达能力的必要途径。

例如,余弦定理揭示了任意三角形边角之间的客观规律,是解三角形的重要工具,余弦定理是初中学习的勾股定理同角的拓广,也是前阶段学习的三角函数知识与平面向量知识在三角形中的交汇应用,是用代数法解决几何问题的典型内容之一。余弦定理的文字语言、符号语言、图形语言,有利于学生理解余弦定理的内涵和外延,从而灵活运用余弦定理,培养学生合情推理探索数学规律的思维能力。通过三角函数、余弦定理、向量的数量积等知识间的联系,来理解事物之间普遍联系与辩证统一。

总之,在数学知识的形成过程中,通用、精确、简约的数学语言是其重要特征。学生可能认识数学概念、公式、法则中的每一个字词及记号,但未必理解其内在含义,将符号及表达式与数学对象、数学关系割裂,造成数学形式与内容分离,使数学学习形式化、表面化。因此,学生只有加深对数学结构语言的理解,才能正确合理地使用数学语言,建立对数学符号、语句结构的正确表述。培养学生数学能力表达,促进数学交流,有助于培养学生的自主学习能力,使学生学会在实际生活中运用数学。学会如何思考问题,如何解决问题,从而学会了学习,学会了生活。数学通过交流才得到深入和发展。

只有培养他们将现实生活问题转化为数学问题,即将生活问题转化为普通语言再转化为符号语言,从而转化为数学问题。就数学问题的解决而言,就是不断地变更、化归与转化数学命题。化归与转化当然是以数学语言作为思维的载体。虽然学生对数学语言的阅读理解与转译,确实还存在一定的差距,但是随着我们教学中,加大数学语言理解与转译的力度,学生会在数学学习中不由自主地形成思维习惯,不仅提高了数学语言表达能力,培养了数感、符号感,而且能将生活问题数学化,促进数学地提出问题,培养了自主学习的能力,使学生学会学习。

第二节　课程标准模块

第一册第二章　一元二次函数、方程和不等式

一、学情分析

师生都强化了数学建模的应用意识。

二、单元学习素养目标

在本章的学习中,学生将通过类比初中学过的等式和方程,学习不等式的性质,理解等式与不等式的共性与差异,掌握基本不等式;并将在初中学习一元一次函数与方程、不等式的联系的基础上,用二次函数的观点看一元二次方程和一元二次不等式,理解一元二次不等式与相应函数、方程的联系,借助二次函数求解一元二次不等式。通过本章的学习,学生的逻辑推理和数学运算素养将得到进一步提升。

三、开放性学习环境

增加了师生互动及效果评价和学生作业展示。

★知识导入

问题引领,落实深度学习

深度学习是将提升学生核心素养落实在教学过程中的一个有力途径和方式。如何在高中数学教学过程中落实深度学习的理念,如何有效地进行单元教学,如何提升学生数学学科的核心素养,是我们每一位数学教师都需要思考的问题。

所谓深度学习,就是指在教师的引领下,学生围绕着具有挑战性的主题,全身心积极参与、体验成功、获得发展的有意义的学习过程。在这个过程中,学生掌握学科的核心知识,理解学习的过程,把握学科的本质及思想方法,形成积极的内在学习动机、高级的社会情感、积极的态度、正确的价值观,成为既具独立性、批判性、创造性,又有合作精神,基础扎实的优秀

的学习者，成为未来社会历史实践的主人。

本节课就是在教师的问题串引领之下，围绕具有挑战性的主题进行的学习。学生在完成这个单元学习的过程中，获得了从知识到能力、从情感到价值观的提升。

一、教学内容的解析

本节课是选自 2019 人教 A 版《高中数学必修第一册》第二章“一元二次函数、方程和不等式”，是在学习了等式性质与不等式的性质的基础上对基本不等式模型的研究。

《标准》将其编于“预备知识”这一主题中。“基本不等式”是高中数学不等式部分的核心内容，教师在研析《标准》和教材的同时，应深入了解学生的实际需要、能力水平和思维习惯等，创造性使用教材，促进学生全面、主动地建构知识体系。

《标准》对本节的学业要求是掌握基本不等式的定义、几何解释和证明方法，用基本不等式解决简单的最值问题。

学生在学习了不等式的相关内容后，加深对“代数性质”的认识过程中发展“四基”、提高“四能”，为基本不等式代数形式的理解和证明提供了基础。

二、教学目标的设置

本节课重点：理解基本不等式的概念；探索并掌握基本不等式的证明方法。会利用基本不等式解决相关最值问题。

难点：基本不等式的证明及应用。

关键节点：相等关系、不等关系是数学中最基本的数量关系，是构建方程、不等式的基础。基本不等式是一种重要而基本的不等式类型，在中学数学知识体系中也是一个非常重要的、基础的内容。教师应充分以学生的现有水平和实际需求为出发点，选取适合他们的学习材料，使教学内容成为适合学生学情的素材，其目的是将数学的学习过程和发展学生的逻辑推理素养、数学运算素养有机结合，从而落实深度学习。

三、教学过程

由情境引入本节课的教学内容，结合上节课的重要不等式，学生对于新知并不感到陌生；通过问题设置，引导学生主动探究基本不等式的相关内容，尤其是证明和几何理解。

情境的创设具有能揭示知识本质的导向功能，能引发学生有效建构知识并提供具体而准确的现实原型，实现引领学生进入知识内部的逻辑形式和意义领域。从实数的非负性或重要不等式引入基本不等式。这样引入的逻辑起点符合学生的认知起点，学习对象指向精确，将学习的重心落在如何理性认识并深度认识基本不等式这一核心目标上。特别是实际应用问题强调环境保护的重要作用，绿化是很有效的环境保护措施。通过对绿化区域的面积的计算，加深环保意识，同时体会数学就在我们身边。

四、教学建议

本节课的优点很多，而且在挑战性学习任务 / 活动方面上利用问题串引领学生思维很顺利，不是牵引式的问题，而是在学生的最近发展区用数学的内在的力量解决现实问题，容易事半功倍。但是，这节课还存在优化的空间，比如问题串的设计是否能被全体学生接受，远离学生认知起点的问题情境则不能揭示知识本质，而且会加重学生的表征负担和认知障碍，一定要把控到位。

本节课是一节非常成功的课，教师在立德树人观念之下，对于教材的分析、学生学情的分析以及知识分类分层清晰，突出了教学重点，化解了教学的难点。执教教师真正地精准理解了学生，作好了备课备学生的所有准备，胸有成竹地完成了教学任务。做到了立足数学文化、紧密联系实际、注重环保，加深环保意识，同时体会数学就在我们身边。

第三节　课程标准模块　第一册第三章　函数的概念与性质

一、学情分析

师生都强化了数学建模的应用意识。

二、单元学习素养目标

通过本章的学习，要使学生建立完整的函数概念，不仅把函数理解为刻画变量之间依赖关系的数学语言和工具，也把函数理解为实数集合之间的对应关系；能用代数运算和函数图象揭示函数的主要性质；在现实问题中，能利用函数构建模型、解决问题；提升数学抽象、直观想象、数学运算和数学建模素养。

三、开放性学习环境

增加了师生互动及效果评价和学生作业展示。

第四节　课程标准模块　第一册第四章　指数函数与对数函数

一、学情分析

师生都强化了数学建模的应用意识。

二、单元学习素养目标

基本初等函数（指数函数、对数函数）是高中数学的基础，是刻画现实世界变化规律的重要模型，由于我们生活在充满变化的现实世界中，其中有一类具有重要的运动变化的关系，如 GDP 的增长问题、人口增长问题、细胞分裂、药物在人体内残留量的变化等，结合实际问题，可以感受、观察、抽象、概括并建立数学模型的过程和方法，通过计算工具，感知指数函数、对数函数以及幂函数增长的差异，体会、认识直线上升、指数爆炸、对数增长等不同的函数类型增长的含义。体会函数在数学和其他学科中的重要性，体现数学的应用价值。

三、开放性学习环境

增加了师生互动及效果评价和学生作业展示。

★知识导入 1

聚焦问题特征 实施有效策略

一、试题呈现

（2023 年天津卷第 15 题）若函数 $f(x)=ax^2-2x-|x^2-ax+1|$ 有且仅有两个零点，则 a 的取值范围为__________。

二、分析与思维导图

本题考查由函数零点个数求参数的取值范围。解答函数零点问题时，可利用函数与方程思想，将函数 $f(x)$ 的零点转化为方程的根，通过研究方程的解从而解决函数的零点问题；也可以利用转化思想、数形结合思想将函数 $f(x)$ 的零点转化为两个新函数的交点的横坐标，结合图像解决问题。同时本题属于含参问题，也要结合分类讨论思想，研究不同情形。

本题函数中含有绝对值，实质上也是分段函数，因此去绝对值比较关键，可以利用定义、讨论判别式或者平方转化来处理。

思路 1：利用绝对值代数意义化简，得到：

$$f(x)=\begin{cases}(a-1)x^2+(a-2)x-1, x^2-ax+1\geqslant 0\\(a+1)x^2-(a+2)x+1, x^2-ax+1<0\end{cases}$$

根据函数的结构特征因式分解，从而求出对应零点，并验证零点是否满足限制条件。

当 $a=1$ 与 $a=-1$ 时，单独验证；

当 $a\neq 1$ 且 $a\neq -1$ 时，求出四个零点 -1，$\frac{1}{a-1}$ 和 1，$\frac{1}{a+1}$；

分别计算 -1 和 $\frac{1}{a-1}$ 满足条件 $x^2-ax+1\geqslant 0$；1 和 $\frac{1}{a+1}$ 满足条件 $x^2-ax+1<0$；

由于函数有且仅有 2 个零点，因此验证哪两个零点能同时成立，并限定彼此互不相同；

经验证共有 -1 和 $\frac{1}{a-1}$、-1 和 1、$\frac{1}{a-1}$ 和 $\frac{1}{a+1}$ 三种情况。

思路 2：讨论判别式化简函数，再研究根的分布。令 $h(x)=x^2-ax+1=0, \Delta=a^2-4$，分 $\Delta\leqslant 0$ 和 $\Delta>0$ 两种。

当 $\Delta\leqslant 0$ 时，$x^2-ax+1\geqslant 0$ 恒成立，此时 $f(x)=(a-1)x^2+(a-2)x-1$。

若方程 $f(x)=0$ 有且仅有两个不等实根，只需 $\begin{cases}a-1\neq 0\\\Delta_0>0\end{cases}$

当$\Delta>0$时,即$a<-2$或$a>2$,两个根分别为m、n不妨设$m<n$。表达式如下:

$$f(x)=\begin{cases}[(a-1)x-1](x+1), x\leqslant m\text{或}x\geqslant n\\ [(a+1)x-1](x-1), m<x<n\end{cases}$$

解出方程$f(x)=0$的根分别为-1、$\frac{1}{a-1}$、1和$\frac{1}{a+1}$,讨论根分布在区间$(-\infty,m]\cup[n,+\infty)$和$(m,n)$内的情况。

由$h(-1)h(\frac{1}{a-1})=\frac{4-a^2}{(a-1)^2}<0$,则$\{-1,\frac{1}{a-1}\}$中必有1个元素属于$(-\infty,m]\cup[n,+\infty)$;

由$h(1)h(\frac{1}{a+1})=\frac{4-a^2}{(a+1)^2}<0$,则$\{1,\frac{1}{a+1}\}$中必有1个元素属于$(m,n)$。

所以函数有且仅有两个零点。

思路3:利用平方转化,函数$f(x)$可以分解成两个函数的差,令$g(x)=ax^2-2x$,$h(x)=x^2-ax+1$,则$f(x)=g(x)-|h(x)|$。若$f(x)=0$,则$g(x)=|h(x)|$,所以$g(x)^2=h(x)^2$,如此可以去掉绝对值。进而$g(x)^2-h(x)^2=0$,可得$[g(x)-h(x)][g(x)+h(x)]=0$,求出方程的根。

写成集合$A_a=\{x\mid g(x)^2=h(x)^2\}$即

$$A_a=\begin{cases}\{\pm1,\frac{1}{a-1},\frac{1}{a+1}\}, a\neq0,\pm1,\pm2\\ \{\pm1\}, a=0\\ \{\pm1,\frac{1}{2}\}, a=1\\ \{\pm1,-\frac{1}{2}\}, a=-1\\ \{\pm1,\frac{1}{3}\}, a=2\\ \{\pm1,-\frac{1}{3}\}, a=-2\end{cases}$$

若$f(x)=0$等价于$x\in A_a$且$g(x)\geqslant0$,

当$a\neq0,\pm1,\pm2$时:$g(1)g(\frac{1}{a-1})=-\frac{(a-2)^2}{(a-1)^2}<0$;$g(-1)g(\frac{1}{a+1})=-\frac{(a+2)^2}{(a+1)^2}<0$;

则集合$\left\{1,\frac{1}{a-1}\right\}$和$\left\{-1,\frac{1}{a+1}\right\}$中各有且仅有函数$f(x)$的1个零点,所以满足条件;

分别验证$a=0$或±1或±2时,函数零点情况。

思路4:利用数形结合,函数$f(x)$可以分解成两个函数的差,令$g(x)=ax^2-2x$,$h(x)=\left|x^2-ax+1\right|$,于是将$f(x)=0$转化成$g(x)=h(x)$,构造出两个新函数之后,在同一个坐标系中分别画出两个函数图像。依据题干要求,两个函数图像需要有两个公共点,寻找图像中关键点的位置信息,从而列出数量关系。

对于研究函数$h(x)$的图像,需要讨论判别式。

当 $\Delta \leqslant 0$ 时，同思路 2；

当 $\Delta > 0$ 时，分 $a<-2$ 和 $a>2$ 两种情况讨论。

①当 $a>2$ 时，$g(x)=ax^2-2x$ 的两个零点为 $0,\frac{2}{a}\in(0,1)$；

$h(x)=\left|x^2-ax+1\right|$ 过定点 $(0,1)$，对称轴 $x=\frac{a}{2}\in(1,+\infty)$，且两个零点 m，n 均为正数，不妨设 $m<n$，可判定 $0<m<1<n$.

在 y 轴左侧，考虑 $g(x)=ax^2-2x$，$h(x)=\left|x^2-ax+1\right|$ 两个图像的开口大小，得出必有一个交点. 在 y 轴右侧，$(\frac{2}{a})^2-a\frac{2}{a}+1<0$，$h(\frac{2}{a})>0$，则 $\frac{2}{a}\in(m,\ n)$，得出必有另外一个交点.

所以，当 $a>2$ 时满足条件。

②当 $a<-2$ 时，$g(x)=ax^2-2x$ 的两个零点为 $0,\frac{2}{a}\in(-1,0)$，对称轴 $x=\frac{1}{a}$；

$h(x)=\left|x^2-ax+1\right|$ 过定点 $(0,1)$，对称轴 $x=\frac{a}{2}\in(-\infty,-1)$，且两个零点 m，n 均为负数，不妨设 $m<n$，可判定 $m<-1<n<0$. $g(\frac{1}{a})-h(\frac{1}{a})=-\frac{a+1}{a^2}>0$，由两个图像的开口方向可决定必有两个交点。

所以，当 $a<-2$ 时满足条件。

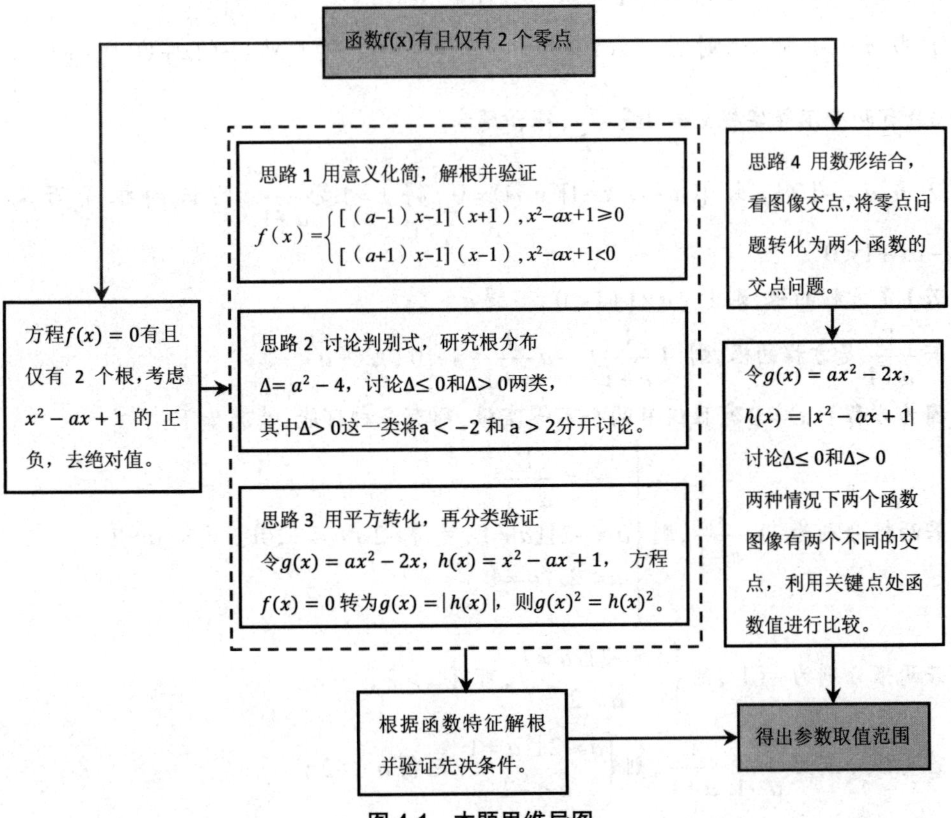

图 4-1　本题思维导图

三、解析

解析1:用意义化简,解根并验证

$$f(x)=ax^2-2x-|x^2-ax+1|=\begin{cases}(a-1)x^2+(a-2)x-1, & x^2-ax+1\geqslant 0\\(a+1)x^2-(a+2)x+1, & x^2-ax+1<0\end{cases},$$

$f(x)=\begin{cases}[(a-1)x-1](x+1), & x^2-ax+1\geqslant 0\\ [(a+1)x-1](x-1), & x^2-ax+1<0\end{cases}$,函数 $f(x)$ 有且仅有两个零点,即方程 $f(x)=0$ 有且仅有两个不等实根。

(1)当 $x^2-ax+1\geqslant 0$, $f(x)=[(a-1)x-1](x+1)$

①当 $a=1$ 时,此时 $x^2-ax+1=(x-\frac{1}{2})^2+\frac{3}{4}\geqslant 0$,则 $f(x)=-x-1$,方程 $f(x)=0$ 只有一个实根 $x=-1$,不符合题意。

②当 $a\neq 1$ 时,由 $[(a-1)x-1](x+1)=0$,得 $x=-1$ 或 $\frac{1}{a-1}$,验证两根是否满足条件 $x^2-ax+1\geqslant 0$ 。

若 -1 是方程的根,则 $(-1)^2-a(-1)+1\geqslant 0$,可得 $a\geqslant -2$ 且 $a\neq 1$;

若 $\frac{1}{a-1}$ 是方程的根,则 $(\frac{1}{a-1})^2-a\frac{1}{a-1}+1\geqslant 0$,可得 $a\leqslant 2$ 且 $a\neq 1$;

(2)当 $x^2-ax+1<0$, $f(x)=[(a+1)x-1](x-1)$

①当 $a=-1$ 时,此时 $x^2-ax+1=(x+\frac{1}{2})^2+\frac{3}{4}\geqslant 0$,则 $f(x)=-(2x+1)(x+1)$,方程 $f(x)=0$ 有两个不等实根 $x=-1$ 或 $-\frac{1}{2}$,符合题意。

②当 $a\neq -1$ 时,由 $[(a+1)x-1](x-1)=0$,得 $x=1$ 或 $\frac{1}{a+1}$,验证两根是否满足条件 $x^2-ax+1<0$ 。

若1是方程的根,则 $1^2-a\times 1+1<0$,可得 $a>2$;

若 $\frac{1}{a+1}$ 是方程的根,则 $(\frac{1}{a+1})^2-a\frac{1}{a+1}+1<0$,可得 $a<-2$;

因为方程 $f(x)=0$ 有且仅有两个不等实根,则有三种可能,情况如下:

若两根分别为 -1、$\frac{1}{a-1}$,则 $\begin{cases}-1\neq\frac{1}{a-1}\\ a\geqslant -2\text{且}a\neq 1\\ a\leqslant 2\text{且}a\neq 1\end{cases}$,可得 $-2\leqslant a\leqslant 2$,且 $a\neq 0$, $a\neq 1$;

若两根分别为 -1,1 ,则 $\begin{cases}a\geqslant -2\text{且}a\neq 1\\ a>2\end{cases}$,可得 $a>2$;

若两根分别为 $\frac{1}{a-1}$、$\frac{1}{a+1}$,则 $\begin{cases}a\leqslant 2\text{且}a\neq 1\\ a<-2\end{cases}$,可得 $a<-2$;

综上所述, a 的取值范围为 $(-\infty,0)\cup(0,1)\cup(1,+\infty)$ 。

解析 2：讨论判别式，研究根分布

$f(x)=ax^2-2x-\left|x^2-ax+1\right|$，若函数 $f(x)$ 有且仅有两个零点，则方程 $f(x)=0$ 有且仅有两个不等实根。设 $h(x)=x^2-ax+1$，$\Delta=a^2-4$。

（1）当 $\Delta\leqslant 0$ 时，即 $-2\leqslant a\leqslant 2$，$h(x)\geqslant 0$ 恒成立，此时 $f(x)=(a-1)x^2+(a-2)x-1$。

①当 $a=1$ 时，则 $f(x)=-x-1$，方程 $f(x)=0$ 只有一个实根 $x=-1$，不符合题意；

②当 $a\neq 1$ 时，则 $f(x)=[(a-1)x-1](x+1)$，令 $f(x)=0$，可得 $x=-1$ 或 $\dfrac{1}{a-1}$，

若方程 $f(x)=0$ 有且仅有两个不等实根，只需 $-1\neq\dfrac{1}{a-1}$，则 $a\neq 0$；

综上所述，a 的取值范围为：$-2\leqslant a\leqslant 2$，且 $a\neq 0$，$a\neq 1$。

（2）当 $\Delta>0$ 时，即 $a<-2$ 或 $a>2$，令 $h(x)=0$，两个根分别为 m、n，不妨设 $m<n$。表达式如下：

$$f(x)=\begin{cases}[(a-1)x-1](x+1), & x\leqslant m\text{或}x\geqslant n\\ [(a+1)x-1](x-1), & m<x<n\end{cases}$$

①当 $a>2$ 时，由 $\begin{cases}m+n=2>0\\ mn=1\end{cases}$，可知 $0<m<1<n$，令 $f(x)=0$，

由 $[(a-1)x-1](x+1)=0$，可得 $x=-1$ 或 $\dfrac{1}{a-1}$，显然 $-1<m$，则 $x=-1$ 是方程的根，而 $h(\dfrac{1}{a-1})=\dfrac{-a+2}{(a-1)^2}<0$，所以 $x=\dfrac{1}{a-1}$ 不满足 $x\leqslant m$ 或 $x\geqslant n$，所以舍去；

由 $[(a+1)x-1](x-1)=0$，可得 $x=1$ 或 $\dfrac{1}{a+1}$，显然 $m<1<n$，则 $x=1$ 是方程的根，而 $h(\dfrac{1}{a+1})=\dfrac{a+2}{(a+1)^2}>0$，所以 $x=\dfrac{1}{a+1}$ 不满足 $m<x<n$，所以舍去；

所以，当 $a>2$ 时，$x=-1$ 或 1 是方程 $f(x)=0$ 两个根，则函数 $f(x)$ 有且仅有两个零点。

②当 $a<-2$ 时，由 $\begin{cases}m+n=-2<0\\ mn=1\end{cases}$，可知 $m<-1<n<0$，令 $f(x)=0$，

由 $[(a-1)x-1](x+1)=0$，可得 $x=-1$ 或 $\dfrac{1}{a-1}$，显然 $m<-1<n$，则 $x=-1$ 不是方程的根，所以舍去。$h(\dfrac{1}{a-1})=\dfrac{-a+2}{(a-1)^2}>0$，所以 $x=\dfrac{1}{a-1}$ 满足 $x\leqslant m$ 或 $x\geqslant n$，即 $x=\dfrac{1}{a-1}$ 是方程的根；

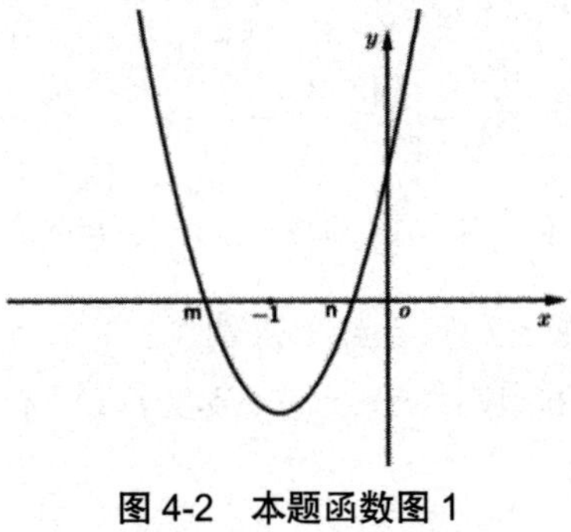

图 4-2　本题函数图 1

由 $[(a+1)x-1](x-1)=0$，可得 $x=1$或$\frac{1}{a+1}$，显然 $n<1$，则 $x=1$ 不是方程的根，所以舍去。而 $h(\frac{1}{a+1})=\frac{a+2}{(a+1)^2}<0$，所以 $x=\frac{1}{a+1}$ 满足 $m<x<n$，即 $x=\frac{1}{a+1}$ 是方程的根；

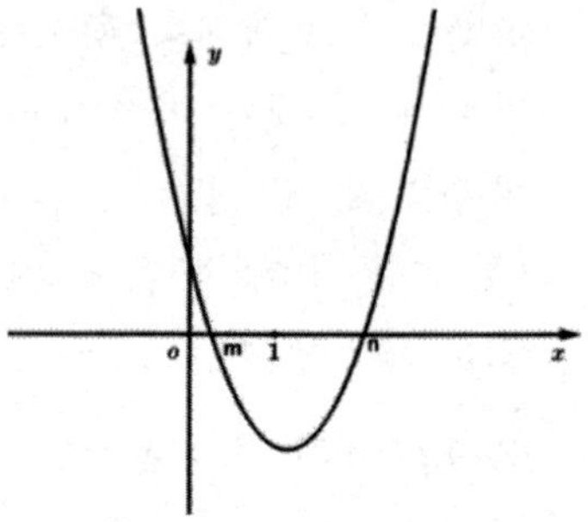

图 4-3 本题函数图 2

所以，当 $a<-2$ 时，$x=\frac{1}{a-1}$ 或 $\frac{1}{a+1}$ 是方程 $f(x)=0$ 两个根，则函数 $f(x)$ 有且仅有两个零点。

综上所述，a 的取值范围为 $(-\infty,0)\cup(0,1)\cup(1,+\infty)$。

解析 3：用平方转化，再分类验证

令 $g(x)=ax^2-2x$，$h(x)=x^2-ax+1$，则 $f(x)=g(x)-|h(x)|$。

若 $f(x)=0$，则 $g(x)=|h(x)|$，可有 $g(x)^2=h(x)^2$，即$g(x)^2-h(x)^2=0$。

利用平方差 $[g(x)-h(x)][g(x)+h(x)]=0$，

即 $[(a-1)x-1](x+1)[(a+1)x-1](x-1)=0$。

记 $A_a=\{x\mid g(x)^2=h(x)^2\}$

$$\text{则 } A_a=\begin{cases}\left\{\pm1,\frac{1}{a-1},\frac{1}{a+1}\right\}, & a\neq0,\pm1,\pm2\\ \{\pm1\}, & a=0\\ \left\{\pm1,\frac{1}{2}\right\}, & a=1\\ \left\{\pm1,-\frac{1}{2}\right\}, & a=-1\\ \left\{\pm1,\frac{1}{3}\right\}, & a=2\\ \left\{\pm1,-\frac{1}{3}\right\}, & a=-2\end{cases}$$

若 $f(x)=0$，等价于 $x\in A_a$且$g(x)\geqslant0$。

其中 $g(1)=a-2$，$g(-1)=a+2$，$g(\frac{1}{a-1})=\frac{-a+2}{(a-1)^2}$，$g(\frac{1}{a+1})=-\frac{a+2}{(a+1)^2}$

①当 $a\neq0,\pm1,\pm2$ 时，$g(1)\ g(\frac{1}{a-1})=-\frac{(a-2)^2}{(a-1)^2}<0$，$g(-1)\ g(\frac{1}{a+1})=-\frac{(a+2)^2}{(a+1)^2}<0$，则集合 $\left\{1,\frac{1}{a-1}\right\}$ 和 $\left\{-1,\frac{1}{a+1}\right\}$ 中各有且仅有函数 $f(x)$ 的 1 个零点，所以满足条件；

下面分别验证 $a=0$或±1或±2 时，函数零点情况：

②当 $a=0$ 时，$g(1)=-2<0$，$g(-1)=2>0$，函数 $f(x)$ 有且仅有 1 个零点，所以不满足条件；

③当 $a=1$ 时，$g(1)=-1<0$，$g(-1)=3>0$，$g(\frac{1}{2})=-\frac{3}{4}<0$，函数 $f(x)$ 有且仅有 1 个零点，所以不满足条件；

④当 $a=-1$ 时，$g(1)=-3<0$，$g(-1)=1>0$，$g(-\frac{1}{2})=\frac{3}{4}>0$，函数 $f(x)$ 有且仅有 2 个零点，所以满足条件；

⑤当 $a=2$ 时，$g(1)=0\geqslant 0$，$g(-1)=4>0$，$g(\frac{1}{3})=-\frac{4}{9}<0$，函数 $f(x)$ 有且仅有 2 个零点，所以满足条件；

⑥当 $a=-2$ 时，$g(1)=-4<0$，$g(-1)=0\geqslant 0$，$g(-\frac{1}{3})=\frac{4}{9}>0$，函数 $f(x)$ 有且仅有 2 个零点，所以满足条件；

综上所述，a 的取值范围为 $(-\infty,0)\cup(0,1)\cup(1,+\infty)$。

解析 4：用数形结合，看图像交点

由已知 $ax^2-2x-|x^2-ax+1|=0$ 有且仅有两个根，转化为 $ax^2-2x=|x^2-ax+1|$，即 $y=ax^2-2x$ 与 $y=|x^2-ax+1|$ 两个函数图像有两个不同的交点。由于 $y=|x^2-ax+1|$ 带有绝对值，所以先考虑该函数的图像特点：$\Delta=a^2-4$。

（1）当 $\Delta\leqslant 0$ 时，即 $-2\leqslant a\leqslant 2$ 时，此时 $x^2-ax+1\geqslant 0$ 恒成立。

此时 $ax^2-2x=x^2-ax+1$，即 $(a-1)x^2+(a-2)x-1=0$（＊）

①当 $a=1$ 时，该方程有且仅有一个实根，不合题意，舍去。

②当 $a\neq 1$ 时，此时保证（＊）的 $\Delta=(a-2)^2+4(a-1)=a^2>0$ 成立即可，即 $a\neq 0$

则此时 a 的取值范围为 $-2\leqslant a\leqslant 2$，且 $a\neq 0$，$a\neq 1$。

（2）当 $\Delta>0$ 时，即 $a<-2$ 或 $a>2$ 时，此时令 $g(x)=ax^2-2x$，$h(x)=|x^2-ax+1|$，

①当 $a>2$ 时，$\frac{a}{2}>1$，$\frac{2}{a}\in(0,1)$，

易发现 $g(1)=h(1)=a-2$，

如图 4-4 所示，此时两个函数恒有两个不同的交点，此时 a 的取值范围为 $a>2$。

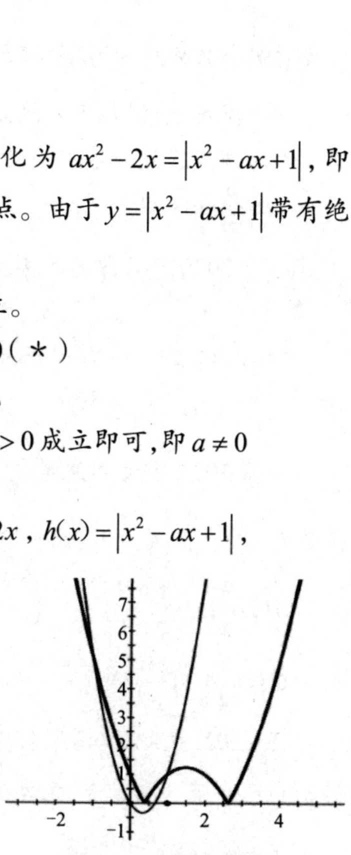

图 4-4　本题函数图 3

②当 $a<-2$ 时，$\frac{a}{2}<-1$，$\frac{2}{a}\in(-1,0)$，

如图 4-5 所示，此时保证 $g(\frac{1}{a})>h(\frac{1}{a})$ 即可，

而 $g(\frac{1}{a})-h(\frac{1}{a})=-\frac{a+1}{a^2}>0$

解得 $a<-1$，又 $a<-2$，则此时 a 的取值范围为 $a<-2$

综上所述，a 的取值范围为 $(-\infty,0)\cup(0,1)\cup(1,+\infty)$。

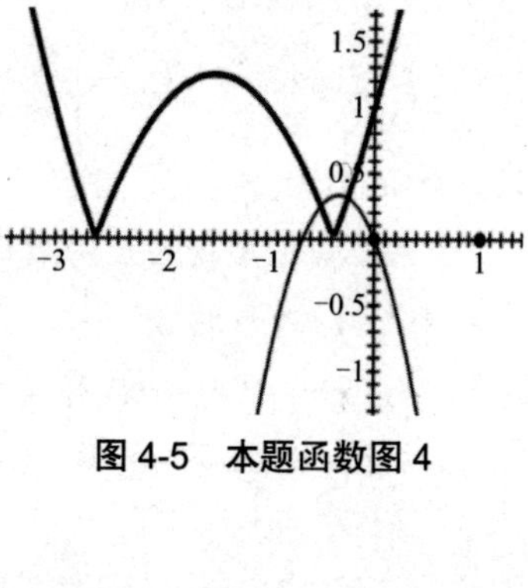

图 4-5　本题函数图 4

四、试题研究

人教 A 版教材必修一在习题中可以追溯到题目原型，

第156页第13题根据零点的个数求参数的取值范围；第160页第4题根据方程解的个数求参数的取值范围。

(1)(必修一第156页第13题)有一道题“若函数$f(x)=24ax^2+4x-1$在区间$(-1,1)$内恰有一个零点，求实数a的取值范围”，某同学给出了如下解答：

由$f(-1)\ f(1)=(24a-5)\quad(24a+3)<0$，解得$-\frac{1}{8}<a<\frac{5}{24}$

所以，实数的取值范围是$(-\frac{1}{8},\frac{5}{24})$

上述解答正确吗？若不正确，请说明理由，并给出正确的解答。

(2)(必修一第160页第4题)已知函数$f(x)=\begin{cases}x^2+2x-3,\ x\leqslant 0,\\ -2+lnx,\ x>0,\end{cases}$求使方程$f(x)=k(k<0)$的实数解个数分别为1,2,3时$k$的相应取值范围。

作为拔高题，近几年天津高考均考查了函数零点问题，而且都含有带参的一元二次函数型。因此作为复习的难点和重点，需要从一题多解的角度掌握此类型题。

近三年高考题如下：

(3)(2020年天津高考第9题)已知函数$f(x)=\begin{cases}x^3,\ x\geqslant 0,\\ -x,\ x<0,\end{cases}$，$x$的取值范围是(　　)。

$A.(-\infty,-\frac{1}{2})\cup(2\sqrt{2},+\infty)$　　$B.(-\infty,-\frac{1}{2})\cup(0,2\sqrt{2})$

$C.(-\infty,0)\cup(0,2\sqrt{2})$　　$D.(-\infty,0)\cup(2\sqrt{2},+\infty)$

(4)(2021年天津高考第9题)设$a\in R$，函数$f(x)=\begin{cases}cos(2\pi x-2\pi a)\ ,\ x<a,\\ x^2-2(a+1)\ x+a^2+5,\ x\geqslant a,\end{cases}$若函数$f(x)$在区间$(0,+\infty)$内恰有6个零点，则$a$的取值范围是(　　)。

$A.(2,\frac{9}{4}]\cup(\frac{5}{2},\frac{11}{4}]$　　$B.(\frac{7}{4},2]\cup(\frac{5}{2},\frac{11}{4}]$

$C.(2,\frac{9}{4}]\cup[\frac{11}{4},3)$　　$D.(\frac{7}{4},2)\cup[\frac{11}{4},3)$

(5)(2022年天津高考第15题)设$a\in R$，对任意实数x，记$f(x)=min\{|x|-2,\ x^2-ax+3a-5\}$。若$f(x)$至少有3个零点，则实数$a$的取值范围为________。

五、链接练习

(1)已知函数$f(x)=\left|x^2-2x+\frac{1}{2}\right|$，若函数$g(x)=f(x)-ax^2$有四个不同的零点，则实数$a$的取值范围为________。

分析 本题考查的是函数的零点与方程的关系，结合图像可得参数范围。

解析1:数形结合

若$g(x)=f(x)-ax^2$有四个零点，则$y=f(x)$的图像与$y=ax^2$的图像有四个交点，只有$y=ax^2$开口向上，即$a>0$，

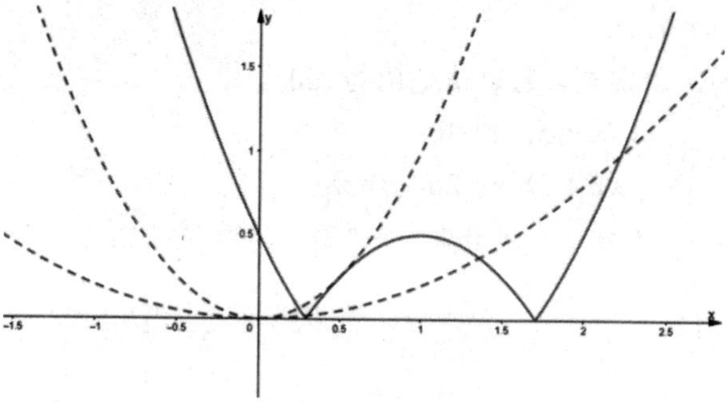

图 4-6　链接练习图

当$y=ax^2$与$y=-(x^2-2x+\frac{1}{2})$有一个交点时，方程$ax^2+x^2-2x+\frac{1}{2}=0$有一个根，由$\Delta=0$，得$a=1$，此时函数$g(x)=f(x)-ax^2$有两个不同的零点，不合题意，要使函数$g(x)=f(x)-ax^2$有四个不同的零点，$y=ax^2$与$y=x^2-2x+\frac{1}{2}$有两个交点，则抛物线$y=ax^2$的开口要比$y=x^2$的开口大，可得$a<1$，所以$0<a<1$，所以实数$a$的取值范围为$(0,1)$。

解析 2：根分布

令$f(x)=\left|x^2-2x+\frac{1}{2}\right|=0$，解出两根$x=\frac{2-\sqrt{2}}{2}$或$\frac{2+\sqrt{2}}{2}$

则$g(x)=\begin{cases}(1-a)\ x^2-2x+\frac{1}{2},\ x\leqslant\frac{2-\sqrt{2}}{2}\text{或}x\geqslant\frac{2+\sqrt{2}}{2}\\-(a+1)\ x^2+2x-\frac{1}{2},\frac{2-\sqrt{2}}{2}<x<\frac{2+\sqrt{2}}{2}\end{cases}$

若函数$g(x)$有四个零点，则每段函数有两个零点

首先必有$\begin{cases}1-a\neq0,\ \Delta_1=2+2a>0\\1+a\neq0,\ \Delta_2=2-2a>0\end{cases}$，可以得出$-1<a<1$。　①

然后利用根分布不同的区间列出不等式：

当$x\leqslant\frac{2-\sqrt{2}}{2}$或$x\geqslant\frac{2+\sqrt{2}}{2}$时，$g(x)=(1-a)\ x^2-2x+\frac{1}{2}$，二次函数图像开口向上，需要$\begin{cases}g(\frac{2-\sqrt{2}}{2})<0\\g(\frac{2+\sqrt{2}}{2})<0\end{cases}$，可以得出$a>0$。　②

当$\frac{2-\sqrt{2}}{2}<x<\frac{2+\sqrt{2}}{2}$时，$g(x)=-(a+1)\ x^2+2x-\frac{1}{2}$，二次函数图像开口向下，对称轴$x=\frac{1}{a+1}$，需要$\begin{cases}g(\frac{2-\sqrt{2}}{2})<0\\g(\frac{2+\sqrt{2}}{2})<0\\\frac{2-\sqrt{2}}{2}<\frac{1}{a+1}<\frac{2+\sqrt{2}}{2}\end{cases}$，

可以得出 $0<a<1+\sqrt{2}$.　③

同时满足①②③，所以实数 a 的取值范围为 $(0,1)$。

(2)设函数 $f(x)=\begin{cases}\ln x,\ x>0,\\ x^2+(a+2)\ x+2a,\ x\leqslant 0,\end{cases}$

若方程 $f(x)=a|x|+1$ 恰有2个实数解，则实数 a 的取值范围是(　　)。

$A.(-\infty,0]\cup[\frac{1}{e^2},\frac{1}{2}]$　　$B.(-\infty,\frac{1}{2}]\cup[1,+\infty)$

$C.(-\infty,0]\cup\left\{\frac{1}{e^2}\right\}\cup[1,+\infty)$　　$D.(-\infty,0]\cup\left\{\frac{1}{e^2}\right\}\cup[\frac{1}{2},+\infty)$

分析：本题考查的是函数的零点与方程的关系，根据分段函数所过特殊点的位置对参数 a 分类讨论。

解析1：数形结合

由题意当 $x\leqslant 0$ 时，$f(x)=(x+2)\ (x+a)$，$f(0)=2a$，

令 $f(x)=0$，可得 $x=-2$ 或 $x=-a$。函数 $y=a|x|+1$。

当 $a\leqslant 0$ 时，由 $f(x)$ 与 $y=a|x|+1$ 的图像易知恒有两个交点；

当 $a>0$ 时，函数 $y=a|x|+1$ 恒过点 $(0,1)$。

①当 $0<2a<1$，即 $0<a<\frac{1}{2}$，

$x\leqslant 0$ 时，则 $y=-ax+1$ 与 $f(x)=(x+2)\ (x+a)$ 恒有一交点，

则 $y=ax+1$ 在 $x>0$ 与 $f(x)=lnx(x>0)$ 必有一交点，

即 $y=ax+1$ 与 $f(x)=lnx$ 相切，

设函数 $y=ax+1$ 与 $f(x)=lnx$ 的切点为 $(m,\ n)$，

根据曲线的切线的性质，则 $\begin{cases}n=am+1\\ n=lnm\\ k=a=\frac{1}{m}\end{cases}$，解得 $k=a=\frac{1}{e^2}$，

所以 $a=\frac{1}{e^2}$；

②当 $2a\geqslant 1$，即 $a\geqslant\frac{1}{2}$，

$x\leqslant 0$ 时，此时 $y=-ax+1$ 与 $f(x)=(x+2)\ (x+a)$ 恒有两个交点，

则 $y=ax+1$ 在 $x>0$ 与 $f(x)=lnx(x>0)$ 无交点，则 $a>\frac{1}{e^2}$，

故此时 $a\geqslant\frac{1}{2}$，

综上所述，实数 a 的取值范围是 $(-\infty,0]\cup\{\frac{1}{e^2}\}\cup[\frac{1}{2},+\infty)$，

故选：D

解析 2:分离参数

方程 $f(x)=a|x|+1$ 恰有 2 个实数解,则方程 $a|x|+1=\begin{cases} lnx, & x>0, \\ x^2+(a+2)x+2a, & x\leqslant 0, \end{cases}$ 有两个根。

分离参数可得 $a=\begin{cases} \dfrac{lnx+1}{x}, & x>0, \\ \dfrac{1}{x+1}-\dfrac{x+1}{2}, & x\leqslant 0且x\neq -1, \end{cases}$

转化为函数 $y=\begin{cases} \dfrac{lnx+1}{x}, & x>0, \\ \dfrac{1}{x+1}-\dfrac{x+1}{2}, & x\leqslant 0且x\neq -1, \end{cases}$ 与直线 $y=a$ 有两个交点

令 $y=\dfrac{lnx+1}{x}$, $y'=\dfrac{2-lnx}{x^2}$,当 $y'>0$ 时, $x>e^2$,则函数在区间（$e^2,+\infty$）单调递增;

当 $y'<0$ 时, $0<x<e^2$,则函数在区间（$0,\ e^2$）单调递减。

当 $x=e^2$ 时最大,值为 $\dfrac{1}{e^2}$。

令 $y=\dfrac{1}{x+1}-\dfrac{x+1}{2}$, $y'=\dfrac{-1}{(x+1)^2}-\dfrac{1}{2}<0$ 恒成立,则函数在区间 $(-\infty,-1)$ 和 $(-1,0)$ 单调递减。当 $x=0$ 值为 $\dfrac{1}{2}$,如图 4-7 所示:

只需 $a\leqslant 0$或$a=\dfrac{1}{e^2}$或$a\geqslant\dfrac{1}{2}$,

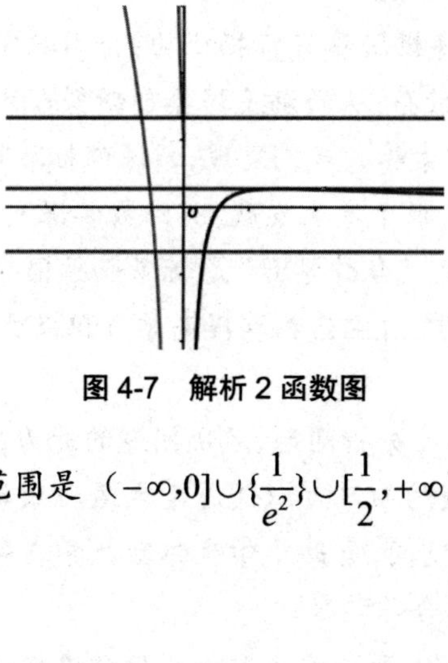

图 4-7　解析 2 函数图

综上分析,实数 a 的取值范围是（$(-\infty,0]\cup\{\dfrac{1}{e^2}\}\cup[\dfrac{1}{2},+\infty)$）,

故选: D

六、总结

对于含参数的零点问题,也可以考虑分离参数,将问题转化为新函数的交点问题。而本题分离参数比较复杂,因此不太适合此方法。选择此法的关键是分离参数是否简洁方便。解决函数零点的个数问题,可以从方程和图像两个方面入手,利用方程思想和数形结合思想

来解决问题。准确把握函数的零点、方程的根和两个函数图像的交点之间的联系。运用方程可进行等式的变形，进而构造新的函数，再进行数形结合。解决这类问题要选择合适的函数，以便于作图、便于求出参数取值范围为原则。

★知识导入2

合作学习模式在数学建模教学中的实践研究

一、研究背景

当今社会，知识更新的周期越来越短。新课程标准的实施，对学生学科核心素养的培养，教师的教学观念会发生变化，课堂教学环境会发生变化，学生的素质也会不同于以往，教师的课堂教学也会发生变化，对学生合作学习的反思也越加深刻。

1. 课程改革的需要

党的十八大首次把“立德树人”作为教育的根本任务写入党的教育方针。党的十九大报告在优化发展教育事业这个问题上，也明确提出要全面贯彻党的教育方针，落实“立德树人”的根本任务。随着新课程改革在我国的不断深入和发展，高中数学课堂教学也发生了翻天覆地的变化。传统的数学课堂已经不能满足学生日益增长的能力需求。在高中数学教学中，以培养学生数学素养为中心的课堂教学模式备受关注，高中数学课堂教学面临着更大的机遇和更大的挑战。课堂上，教师要教给学生用数学的眼光看待问题，用数学的思想去思考问题，已显得格外重要。

2. 高中数学学科核心素养的提出

《标准》中将数学教育的终极培养目标描述为：会用数学眼光观察世界，会用数学思维思考世界，会用数学语言表达世界，从而满足培养创新型人才的需要。在本质上，这“三会”就是高中阶段的数学学科核心素养。我们发现，新课程标准凝练了学科核心素养，这就要求我们在数学课堂教学过程中着眼于学生发展，关注数学课堂中学科核心素养的落实。新课程强调学习方式的实质性转变，“合作学习”是新课程所倡导的一种新的学习方式，它在促进学生间的情感交流、互帮互学、自主建构和提高学习积极性方面有着重要的作用。

3. 教材中数学建模的增加

数学建模的学习提升了学生分析问题、解决问题的能力，从而有效地促进学生对数学建模价值的认识。通过数学建模的学习可以促进学生运用数学思想、方法和知识解决实际问题，为学生提供了自主学习的空间，有助于学生体验数学在解决实际问题中的价值和作用。数学建模的主要学习形式就是合作学习。

现在，我们面对新课程标准、新高考方案和新教材这样一个新的形式，在课堂教学中既要关注学生数学学习，又要将培养学生的数学学科核心素养落到实处，这二者的结合成为当下数学教师要思考的问题。基于以上论述，本课题就是在数学课堂教学中基于合作问题解决，探究在数学建模活动中如何开展合作学习模式，从而向提升学生的学科核心素养转变，实现合作学习的创新和跨越式发展。

二、研究意义

1. 现实意义

（1）树立以发展学生数学学科核心素养为导向的教学意识，面向全体学生，为学生的未来发展奠定基础，为学生适应未来社会生活提供必需的数学基础，还为其他学科学习提供必要的知识准备，实现人人都能获得良好的数学教育。

（2）在保证每个学生达到共同基础的前提下，充分考虑学生不同的发展需求，以学生发展为本，结合数学学科特点，为学生的个性化发展提供帮助，以充分满足学生的自主选择，促进学生的自主发展，实现不同的人在数学上得到不同的发展。

（3）保证了高中数学课程在基础教育的高级阶段所具有的承前继后功能的发挥，不仅在义务教育之后进一步促进学生数学学科核心素养获得阶段性的提升，而且为学生适应终身学习和未来可持续发展创造条件、做好准备。

（4）这一教学模式可以帮助教师转变教学理念，促进实验教师的教学水平和科研能力的提高。

2. 理论意义

通过本课题的研究，立足于学生数学素养的培养，探索用于指导教师在各教育教学环节中融入核心素养教育活动和行为的理论，在发展学生数学学科核心素养的视野下力求找到切实可行的“合作学习”教学思路和可操作的方法，引领一线教师由前沿理论向课堂实践的转变。实验教师不断摸索，不断调整，不断总结，引导学生学会用数学的眼光去看待世界，为适应个人终身发展和社会发展需要的必备品质和关键能力做好铺垫。

三、理论依据

1. 现代教学理论

现代教学理论指导了课堂教学的设计与实施的具体操作。现代教学思想可概括为：变“教”为“学”，“学”为主体；变“授”为“导”，“导”为主线；变“知”为“力”，“力”为主标。其中，最根本的关系是教与学的关系。辩证地看，在数学课堂教学中，教师起的是调动学生积极性和引导、帮助学生解决疑惑的作用，是学生是否获得知识经验的关键，能加速或延缓学生心理发展的进程。学生是教育目的的体现者，学习活动的核心是使学习者参与到学习过程中，成为学习的主人。学生只有在教师指导下创造性地学习，才能有效地获取知识，同时提升学习能力，达到提高整体学科核心素养的目的。

2. 目标结构理论

目标结构理论是美国心理学家多伊奇提出来的，这一理论是从动机的角度出发，强调了合作目标对学生从事学业任务的诱因影响，这一理论认为：在团体中，由于对个体达到目的奖励方式不同，使得在达到目标的过程中，个体之间的相互作用方式也不同。多伊奇在自己实验研究的基础上指出，合作型目标结构使得团体成员之间的交往更为频繁，他们相互帮助，相互鼓励，每一名成员都更大程度地感受到被其他成员尊重和接纳，因此使得他们在完成任务的过程中更为积极,成就水平也提高得更快。在这些方面均优于竞争和个体化目标结构。由此可见,只有当小组成功时,小组成员才能达到他们各自的目标。因此,为了达到他们自己的目标,小组成员必须相互帮助以获得小组的成功。也就是说,这种在小组成绩的基础上进行奖励的方式创设了积极的人际关系,它使小组成员对同组同伴所做出的努力给予积极的社会强化,如表扬和鼓励。这是在传统的竞争目标结构的课堂上所没有的。

3. 发展理论

著名教育心理学家布鲁纳的"发现学习"理论强调:学生的学习应是主动发现的过程,而不是被动地接受知识。发展理论从认知的角度出发,重视合作学习对完成任务效果的影响(在达到小组目标的过程中是否每个小组成员都提高了自己的认知水平)。在任务过程中,孩子们之间的相互作用提高了他们对关键概念的掌握和理解。前苏联学者维果斯基将最近发展区定义为,儿童独立解决问题时的实际发展水平,以及在成人指导下或与更有能力的同伴共同探讨、进行问题解决时的潜在发展水平之间的距离。也就是说,除了成人指导之外儿童与同伴共同完成任务、讨论问题,也可以提高他们已有的认知水平。因此,合作活动比个体活动更为优越,可以加速儿童认知水平的发展。我们可以看到,从认知角度来看,合作学习方法是一种具有优越性的教学方法。

四、研究目标

(1)通过对有效教学理论的再研究,力争使学生在数学课堂中得到数学学习效益的最大化,以发展学生数学学科核心素养为导向,把它融入数学课堂教学实践中去。

(2)促进学生个性化发展,促进学生数学学科核心素养获得阶段性的提升,增强学生思维、能力、素养、品质的提升与培育,实现有效教学的创新和跨越式发展。

(3)形成一些有价值的教学设计、论文和课例等教学资源,提升教师自身的专业化成长。

五、研究内容

1. 分析当前数学课堂合作学习的现状与学生课堂合作学习的有效程度,找出问题,分析原因及解决方法

数学课堂教学存在的问题多,改革难度大,尤其是在处理数学教学中的课程内容时,需要找到最合适的衔接点,还有课堂小组学习和个体学习之间的关系、主动学习与被动学习之间的关系等问题,这些关系的处理都关乎教学策略的选择和最终的效果,只有在调研的基础上找出问题,分析原因及寻找解决办法,才能在实践中事半功倍。

2. 制定高中数学建模中开展合作学习的原则

新课程标准中明确提出要切实培养学生解决实际问题的能力,增强应用数学的意识,能初步运用数学模型解决实际问题。在建立模型的过程中,学生查阅资料、收集信息、整理加工、获取新知识,有效地合作学习是改善学生学习方式的突破口。因此,有计划地开展数学建模中的师生合作、生生合作,使建模任务顺利完成,实现学生主体参与教学,有利于学生团队合作精神的培养。

3. 探索高中数学建模基本类型及案例

根据新课程改革后的实施新教材的契机，深入挖掘教材内涵，因人而异，因材施教，在完成课堂学习的基础上实施数学建模的学习，探索适合数学建模的章节或学习内容，培养学生的发现问题、解决问题的能力，培养数学建模这一核心素养。

4. 探索数学建模中的合作学习模式

数学建模活动一般是在教师指导下，学生以小组为单位参与进行的，因此，合作学习成为数学建模活动的主要学习形式。信息时代的学习已经超越了学科课堂，学习的方式和内容已经高度生活化、社会化。

合作学习不仅仅是生生之间、师生之间的合作，也包括社会信息融合。合作学习过程中，不仅要建立人与人之间的密切联系，还要把身边的学习资源和现代技术运用到极致，让身边的一切都服务于学习和发展，形成大合作的基本思想。

六、研究案例（合作制作数学思维导图）

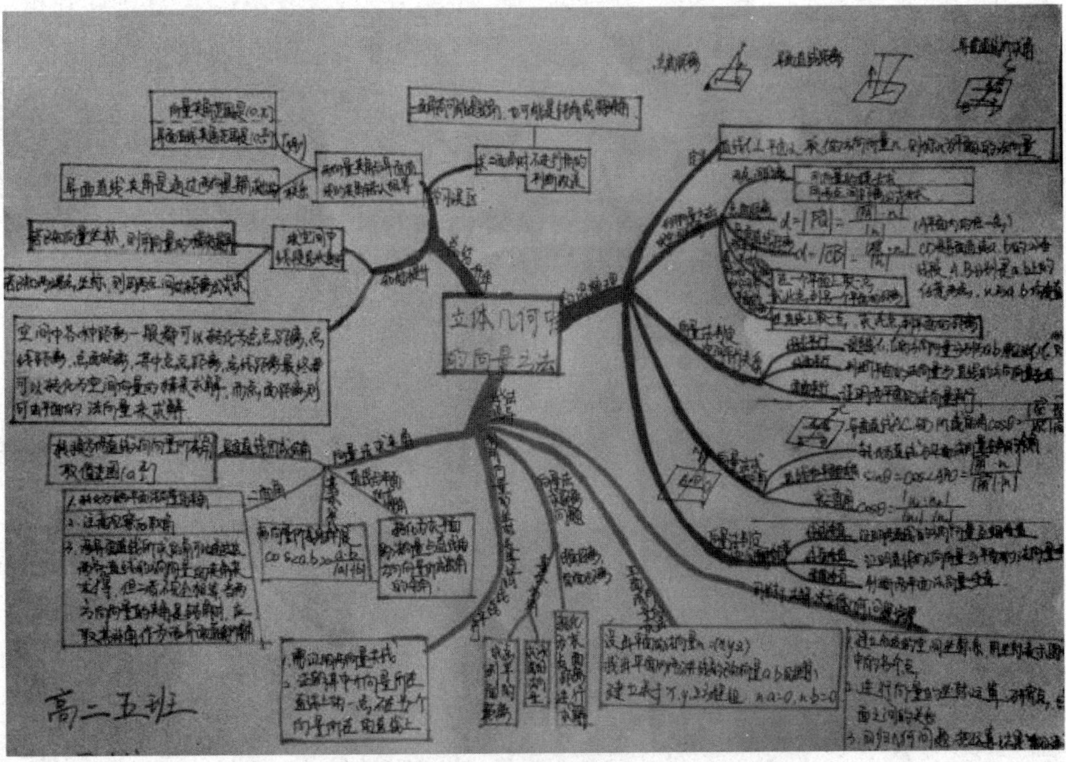

图 4-8 立体几何中的向量方法思维导图

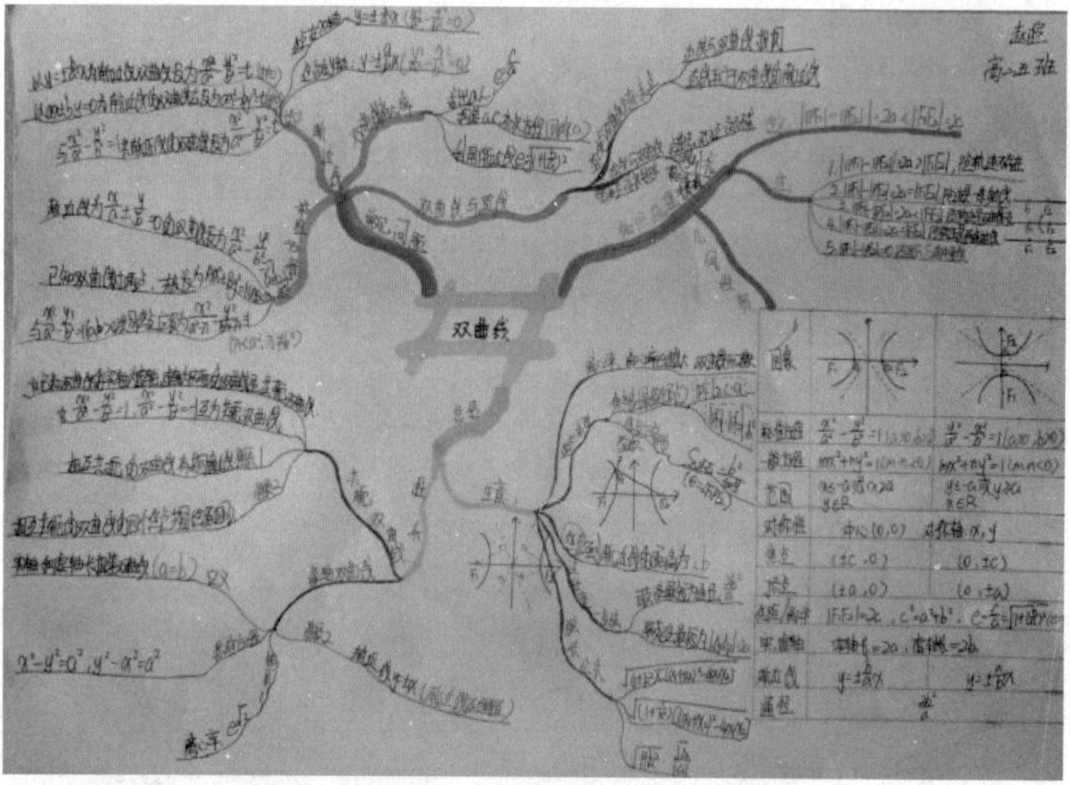

图 4-9　双曲线思维导图

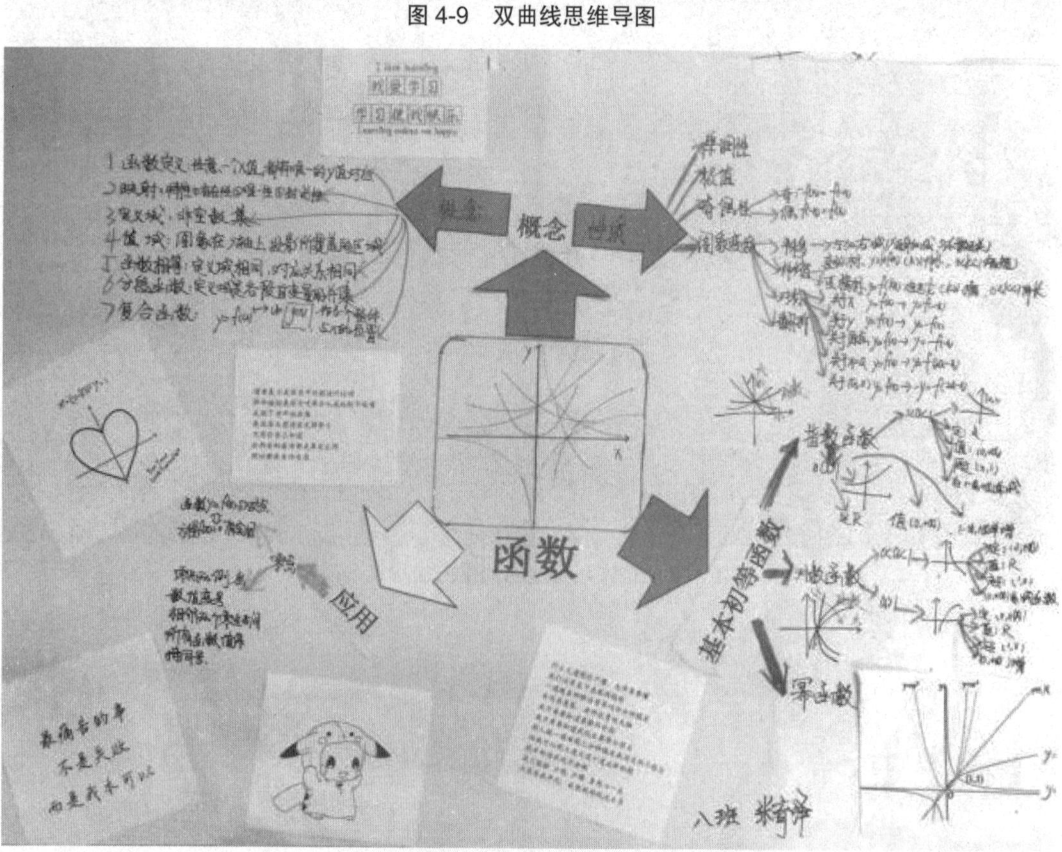

图 4-10　函数学习思维导图

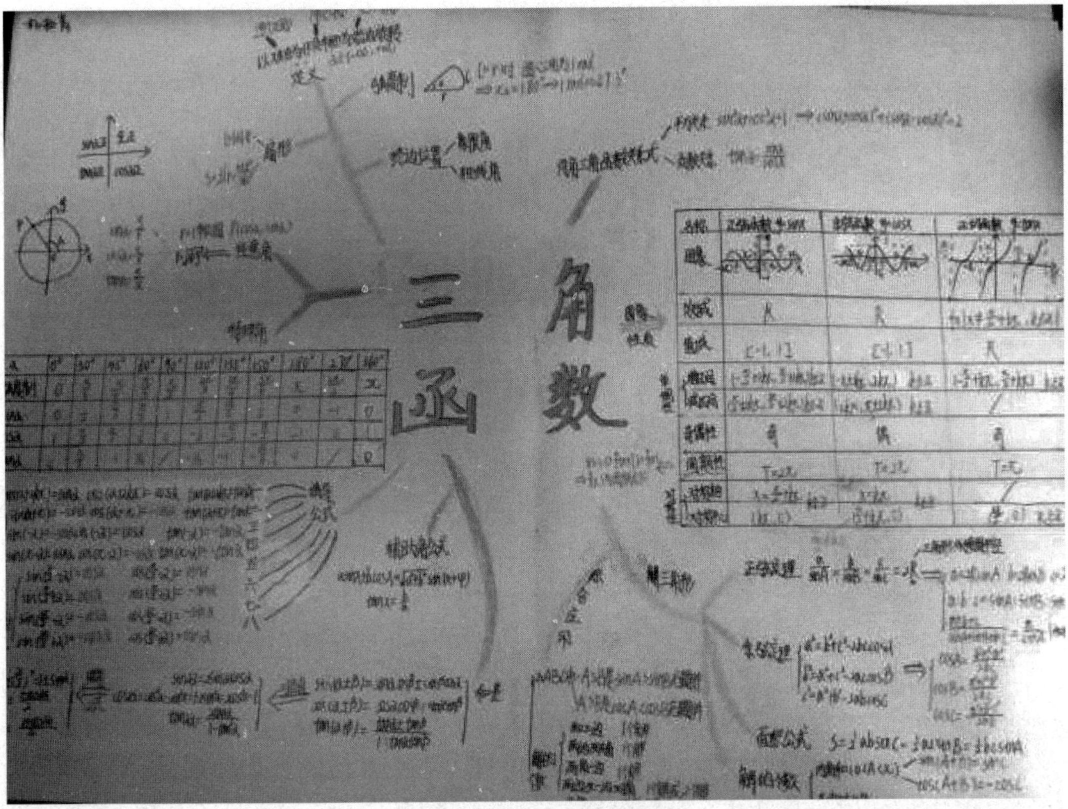

图 4-11　三角函数思维导图

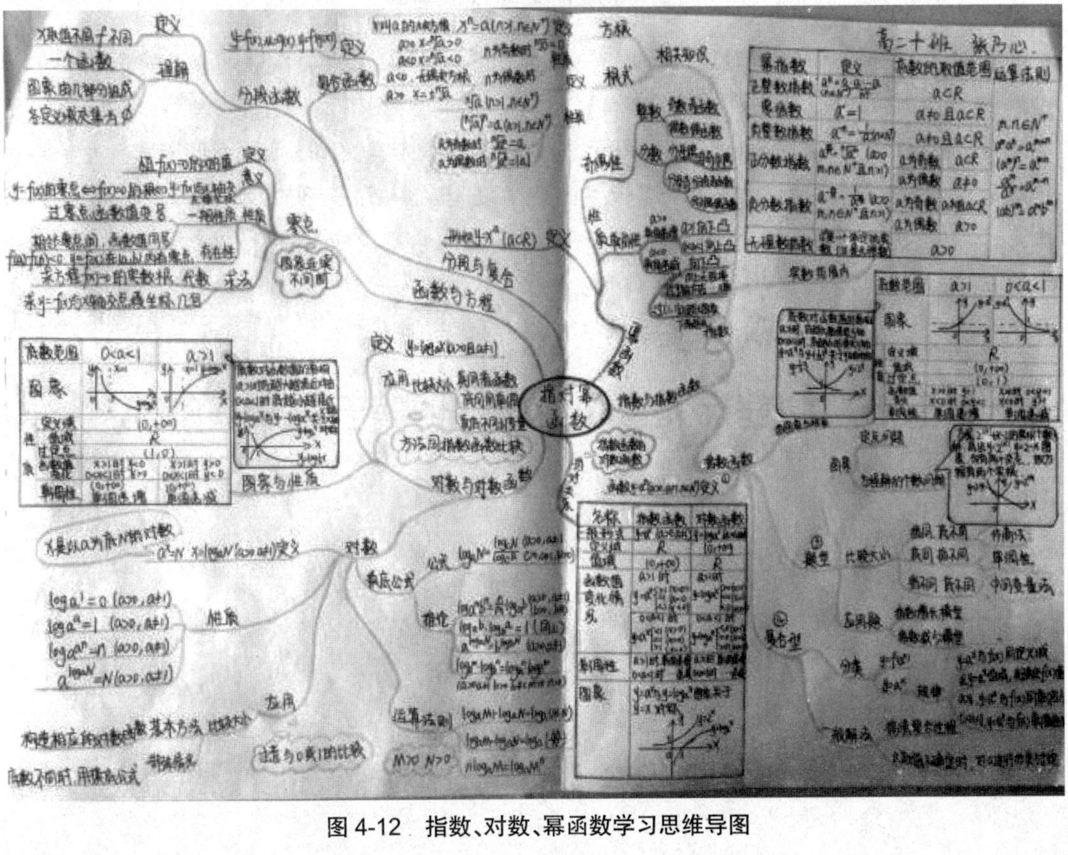

图 4-12　指数、对数、幂函数学习思维导图

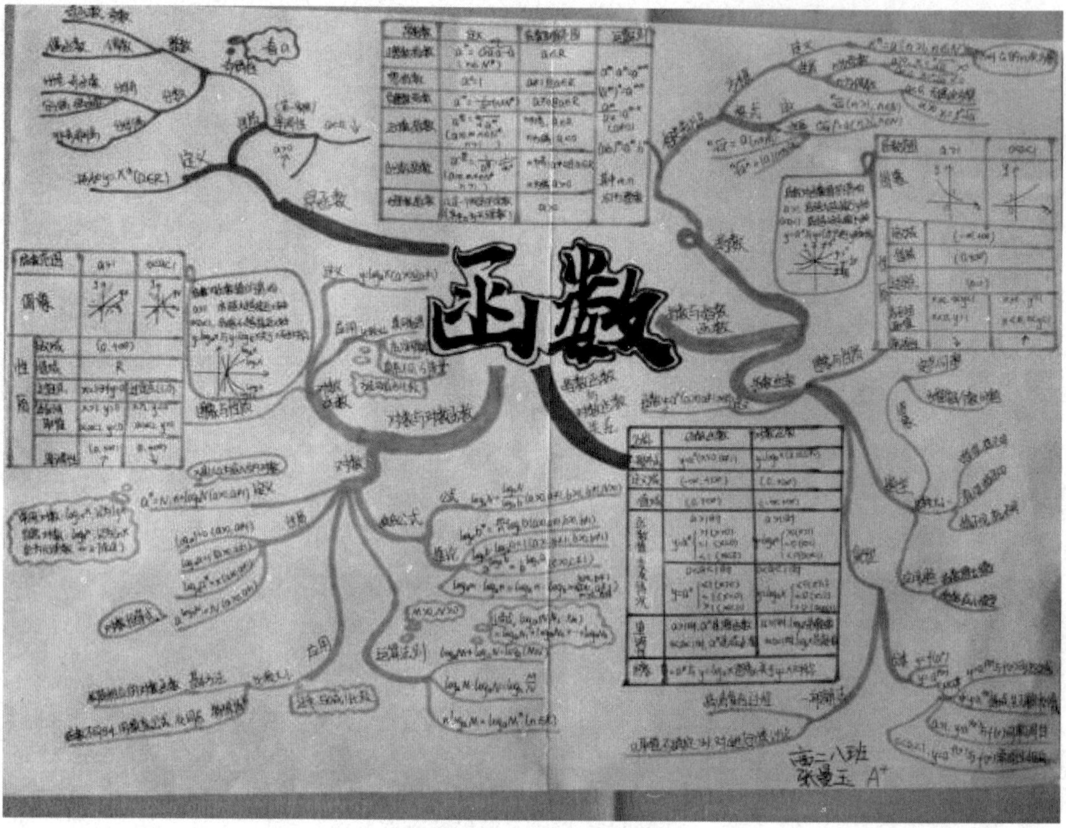

图 4-13　函数学习思维导图

经过这两年的研究，课题组成员发现：大部分学生都从这种学习模式中感受到数学学习的乐趣，能用数学的眼光去观察客观世界，增强了数学思维，不仅提升了分析问题、解决问题的能力，还提升了发现问题和提出问题的能力。但个别数学基础薄弱的学生没有明显的提升效果。此外，学生用数学语言表达世界的能力还有待提高，如果继续坚持下去，相信会有收获。此外，教学目标的有效达成情况，除了看学生的学习成绩的提升情况和学生获取知识的效益外，还应该看学生的创新思维和能力的培养，这是一个循序渐进的过程，需要时间去验证的，由于实验时间较短，有些学生表现得不是很明显。

第五节　课程标准模块　第一册第五章　三角函数

一、学情分析

师生都强化了数学建模的应用意识。

二、单元学习素养目标

（1）数学抽象：任意角、弧度制、三角函数概念的形成。

（2）数学建模：三角函数概念的形成、函数 $y=A\sin(\omega x+\varphi)$、三角函数的应用。

(3)直观想象:诱导公式、三角函数的图像与性质、函数 $y=A\sin(\omega x+\varphi)$。

(4)逻辑推理:诱导公式、三角恒等变换。

(5)数学运算:诱导公式、三角函数的图像与性质、三角恒等变换。

三、开放性学习环境

增加了师生互动及效果评价和学生作业展示。

★知识导入 1

利用“问题解决”教学策略培养学生能力

一、什么是问题解决

“问题解决”(Problem solving)的含义是什么?不同学者和文件的解释并不统一,甚至同一文件中也有不同的提法。比较典型的观点可归纳为以下 5 种。

1. 问题解决是心理活动

指的是“人们在日常生活和社会实践中,面临新情境、新课题,发现它与主客观需要的矛盾而自己却没有现成对策时,所引起的寻求处理问题办法的一种心理活动”。(邵瑞珍,1982)

2. 问题解决是过程

“问题解决是把前面学到的知识运用到新的和不熟悉的情境中的过程”(美国全国数学管理者大会《21 世纪的数学基础》, 1988)。这就是说,问题解决是一个发现的过程、探索的过程、创新的过程。

3. 问题解决是教学类型

“在英国,教师们还远没有将‘问题解决’的活动形式看作教或学的类型。他们倾向于将其看成课程附加的东西”“应将‘问题解决’作为课程论的重要组成部分”。(Cockcroft 报告,1982)

4. 问题解决是目的

美国全国数学管理者大会(NCSM)在《21 世纪的数学基础》(1988)中认为“学习数学的主要目的在于问题解决”。因而,学习怎样解决问题就成为学习数学的根本原因。此时,问题解决就独立于特殊的问题,独立于一般过程或方法,也独立于数学的具体内容。“20 世纪 80 年代以来,世界上几乎所有的国家都把提高学生的问题解决的能力作为数学教学的主要目的之一”。(E、A Silver)

5. 问题解决是能力

“那种把数学用之于各种情况的能力,叫作问题解决”。(英国 Cockcroft 报告,1982)美国全国数学管理者大会把解决问题的能力列为 10 项基本技能之首。重视问题解决能力的培养、发展问题解决的能力,其目的之一是,在这个充满疑问、有时连问题和答案都是不确定的世界里,学习生存的本领。

上述各种解释,在形成上似乎并不一致,但是我们应看到它们所强调的共同的东西,即问题解决不应仅仅理解为一种具体的技能,它是所有学生必须具备的一种能力,人们无论从事何种实践活动都离不开它。在问题解决的过程中,需要用到分析、综合、抽象、概括、想象等多种智力活动,对于人的发展有着重要作用。“问题解决”在教学中为学生提供了一个发现、创新的环境和机会,为教师提供了一条培养学生解题能力、自控能力和应用数学知识能力的有效途径。所以,它应该是数学教育所体现的一条主线。而对于学生来说,“问题解决”是指综合地、创造性地运用各种数学知识和方法去解决那种并非单纯练习题式的问题,包括实际问题和源于数学内部的问题。在进行问题解决时,学生必须综合所学得的知识,并把它用到新的、困难的状况中去,这就需要学生使用恰当的方法和策略,需要探索和猜想。

二、问题解决与解题

“问题解决”比传统意义上的“解题”有了很大的发展。传统意义的“解题”只注重结果、注重答案,而现代意义的“问题解决”更注重解决问题的过程、策略以及思维的方法。“问题解决”的过程是发现的过程、探索的过程、创新的过程;问题解决能力发展的基础是虚心,是好奇和探究的态度,是进行试验和猜测的意向。因此,在数学教学中应该注意:

(1)给学生提供一种轻松愉快的气氛和生动活泼的问题情境;

(2)从学生的已有经验出发提出问题,引起学生对结论的迫切追求的愿望,将学生置于一种主动参与的位置;

(3)大胆鼓励学生运用直觉去寻求解题策略,必要时可给一些提示,并适当延长时间;

(4)讨论各种成功的解法,如果可能的话,和以前的问题联系起来,对问题进行推广,概括出一般原理。

在实际教学中,我们经常发现这么一种现象,面对一个并不复杂的数学问题,很多学生却束手无策,究其原因,是学生在阅读获取数学信息的能力方面还存在着一定的不足,当学生对一个数学问题,连题都读不懂,问题又怎么解决呢?所以我认为数学教学应加大数学语言表达与互译的力度,学生对数学信息的理解、表达准确与否,以及对数学语言能否熟练地沟通和转译是学生数学素养的重要标志,也是利用问题解决教学策略培养学生能力的必要途径。

三、问题解决教学策略特点及操作程序

问题解决教学策略特点即从实际问题入手,在富有情趣的氛围中,加大数学语言表达与互译的力度,通过教师的引发,学生的探究、讨论,不断激发学生合理使用数学语言,建立学生对数学符号、语句结构的正确表述,加深对数学概念、定理、图形的理解。

操作过程如下:

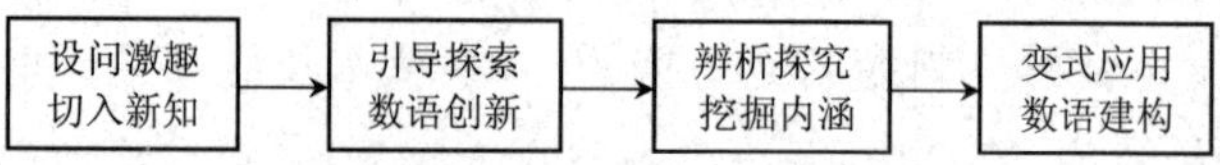

图 4-14 教学策略解决方法

1. 设问激趣，切入新知

教师：如图4-15所示，如何丈量山脚BC的长度？

学生：答案各异。学生开始想象并互相议论猜测，思维非常活跃。

稍后，教师给出问题：隧道工程设计，经常需要测算山脚的长度，工程技术人员先在地面上选一适当位置A，量出A到山脚B、C的距离，再利用经纬仪测出A对山脚BC的张角，最后通过计算求出山脚的长度BC。

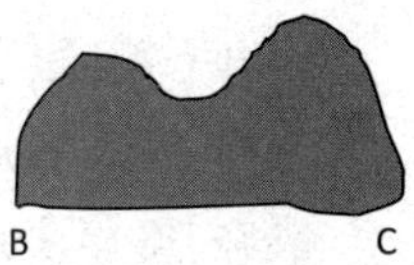

图4-15

教师：你知道工程技术人员是怎样计算出来的吗？

学生：激烈讨论，方法不同。

教师：能否划归为数学问题？

学生：划归。已知三角形的两边及它们的夹角，求第三边。（见图4-16）（已知△ABC中，AB=c，AC=b，∠A=A，求BC）

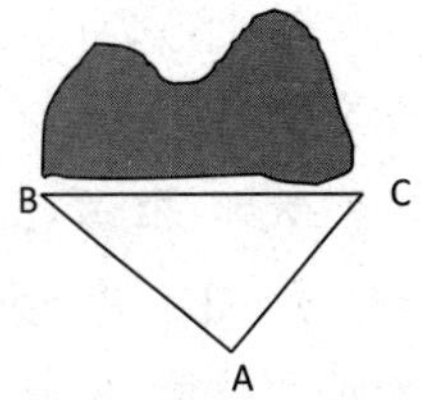

图4-16

点评：教师并不是将余弦定理全盘呈现给学生，而是从实际问题入手，激发学生探索新知识的强烈欲望。

2. 引导探索，数语创新

学生：尝试用正弦定理试求，发现困难：因B、C均未知，较难求a。

教师和学生合作分析：

①$A=\frac{\pi}{2}$时 勾股定理$a^2=b^2+c^2$，

②$A=\pi$时$a^2=(b+c)^2=b^2+c^2+2bc$

③$A=0$时$a^2=(b-c)^2=b^2+c^2-2bc$

教师：比较三种情况的异、同点，发现什么？

学生：

$A=0$时$a^2=b^2+c^2-2bc=b^2+c^2-2bc\times 1$

$A=\frac{\pi}{2}$时$a^2=b^2+c^2=b^2+c^2-2bc\times 0$

$A=\pi$时$a^2=b^2+c^2+2bc=b^2+c^2-2bc\times(-1)$

不同点：$-2bc$的系数不同

点评：由于正弦定理的求解困难，激发学生探索新的求解途径。教师指导学生由特殊到一般，经过比较分析特例，促使学生参与知识的形成过程的教学方法，既符合学生学习的认知规律，又突出了学生的主体地位，强调学生的自身体验、交流、共享。

3. 辨析探究，挖掘内涵

教师：$-2bc$的系数1，0，－1与$A=0$，$A=\frac{\pi}{2}$，$A=\pi$之间存在什么对应关系呢？

学生：$a^2=b^2+c^2-2bc\cdot\cos A$

教师：当ΔABC为正三角形时，上述等式是否成立？

学生：结论不一致（感觉成立）。

教师：证明恒等式，通常采用什么思考方法？

学生从 $2bc\cdot\cos A$ 入手（面对新的问题，学生探究的积极性高涨起来）。

教师、学生共同证明。

教师：展示余弦定理证明标准格式。

教师：余弦定理（符号语言）。

在 ΔABC 中，$AB=c$，$BC=a$，$CA=b$，则

$$b^2=a^2+c^2-2ac\cdot\cos B$$

$$a^2=b^2+c^2-2bc\cdot\cos A$$

$$c^2=a^2+b^2-2ab\cdot\cos C$$

教师：文字语言呢？

学生：三角形任何一边的平方等于其他两边的平方和减去这两边与它们夹角的余弦的积的两倍。

教师：余弦定理可以解决有关三角形的哪些问题？

如：①已知两边及它们的夹角，求第三边。②已知三边，求三个角。③已知两边及其中一边的对角，求第三边。

点评：本堂课主要是学生主动独立学习余弦定理，但限于学生的实际水平。

课堂教学时间的短暂，教师进行必要的启发，使学生的思维集中于问题的较近发展区. 如启发学生从 $2bc\cdot\cos A$ 入手，研究三角形三边一角之间的关系. 帮助学生找出 a 、b 、c、A 的关系，突出余弦定理的本质特征。

4. 变式应用，数语建构

例：在 ΔABC 中，a=7，b=5，c=3，求 A、B、C（精确到 1°）（由学生完成）。

变式 1：在 ΔABC 中，a=7，b=5，c=3，判断：ΔABC 是锐角三角形、直角三角形还是钝角三角形？

变式 2：在 ΔABC 中，已知 A、B、C 成等差数列，求证：$0<b\leqslant\dfrac{\pi}{3}$。

结论：①余弦定理是任何三角形边角之间存在的共同规律，勾股定理是余弦定理的特例。②余弦定理有两个基本作用：一是已知三边求三角，二是已知两边及它们的夹角，求第三边。③余弦定理和正弦定理之间是同一三角形的约束条件的不同表现形式，在本质上一致。④余弦定理的文字语言、符号语言、图形语言。

点评：教师利用变式题帮助学生理解余弦定理，灵活运用余弦定理解决问题。利用方程思想，将余弦定理在处理三角形问题中的作用概括为两种基本类型，体现了数学思维的条理性、系统性。余弦定理的文字语言、符号语言、图形语言，有利于学生理解余弦定理的内涵和外延，从而灵活运用余弦定理。

四、问题解决教学策略的课堂教学评价

问题是数学的心脏，问题解决作为学习数学课程的一个“实践性”环节，不仅能使学习者深入地理解数学概念，全面系统地掌握数学知识，进一步领会、掌握各种定理、公式和法则，提高自己的技能技巧，巩固所学的知识。同时，通过解决探索性问题、应用问题等丰富的数学活动，学会如何运用已有的数学理论和方法去解决一些复杂的数学问题。数学活动过

程中,各种数学符号被广泛使用。

中学数学知识除数学概念外,还有数学原理。数学原理的学习首先就是要用准确的数学语言表述其内容,学生对数学信息的理解、表达准确与否,以及对数学语言能否熟练地沟通和互译是学生数学素养的重要标志。在教学中注重数学语言教学,主动培养学生的数感和符号感,使学生在数学学习中自觉将数学语言、数学符号、数学图形有机地结合起来,特别是知识形成课中,按设问激趣、切入新知—引导探索、数语创新—辨析探究、挖掘内涵—变式应用、数语建构步骤完成教学任务,不仅符合学生的心理发展特点、学生的认知规律,突出学生的主体作用,而且激发学生探索新知识的强烈欲望,在培养学生探索能力、创新能力上收到很好的效果。

只要学生在自我学习中,自觉地将概念、定理的数学语言写出,一个学期下来,学生的记忆模块里就会有很多图式,学生就会将当前学习内容所反映的事物尽量和自己已经知道的事物相联系,并对这种联系加以认真的思考,主动去收集、假设、验证,积极建构,使知识外化,促使学生迫切地学习起来。

在数学知识的形成过程中,通用、精确、简约的数学语言是其重要特征。学生可能认识数学概念、公式、法则中的每一个字词及记号,但未必理解其内在含义,将符号及表达式与数学对象、数学关系割裂,造成数学形式与内容分离,使数学学习形式化、表面化。因此,我们要加深对数学结构语言的理解,才能正确地使用。合理使用数学语言,建立学生对数学符号、语句结构的正确表述。培养学生数学能力表达,促进数学交流,有助于培养学生的自主学习能力,使学生学会在实际生活中运用数学。学会如何思考问题,如何解决问题,从而学会了学习,学会了生活。数学通过交流才得到深入和发展。

培养他们将现实生活问题转化为数学问题,即将生活问题转化为普通语言再转化为符号语言,从而转化为数学问题。就数学问题的解决而言,就是不断地变更、化归与转化数学命题,化归与转化是以数学语言作为思维的载体。虽然学生对数学语言的阅读理解与转译,确实还存在一定的差距,但是随着我们在教学中加大数学语言理解与转译的力度,学生会在数学学习中不由自主地形成思维习惯,不仅提高了数学语言表达能力,培养了数感、符号感,而且能将生活问题数学化,促进数学地提出问题,培养了自主学习的能力,使学生学会学习。

现代教育理论认为:学校教育应着眼于教学生学会学习,培养学生的自主学习能力,夯实学生"终身学习"的基础。今天的时代是终身学习的时代,只有培养了自学精神、自学能力,才能真正实现终身学习。教是为了不教,他教是为了自教,只有学生养成数学阅读的习惯,提高数学语言表达能力,才能自己解决数学问题。

★知识导入 2

高考"三角函数专题"命题分析及教学建议

《标准》指出"三角函数是一类最典型的周期函数,利用三角函数构建数学模型,解决实际问题。理解函数模型是描述客观世界中变量关系和规律的重要数学语言和工具"。2021

年高考数学试卷中频繁考查这一主干知识，符合教育部考试中心制定的《中国高考评价体系》并体现出素养立意的方向。试题总体贯彻落实“立德树人、服务选才、引导教学”的指导思想，以核心价值观为引领，将数学的必备知识、关键能力和学科素养的考查融为一体，加强了基础性、综合性，体现了应用性和创新性。

一、试题总体分析

三角函数是一类独具特色的基本初等函数，其中又包括角和弧度、三角函数的概念和性质、同角三角函数的基本关系式、三角恒等变换和三角函数的应用五个部分。三角函数部分试题考查的主要内容有三角函数的概念、诱导公式、三角函数的图像与性质、三角恒等变换、三角函数应用等，同时三角函数与正弦定理和余弦定理、解三角形等知识密切关联。

涉及三角函数内容的试题形式比较丰富，单选题、填空题、解答题都有涉及。使用新教材的省份的高考试卷中出现了不定选项的选择题、开放性条件和结论的解答题等创新形式。2021 年使用教育部考试中心命制的全国统一高考试卷的新高考省份增加到 10 个，原高考省份减少到 17 个。2021 年全国卷包括新高考Ⅰ卷、Ⅱ卷和原高考甲卷、乙卷。继 2020 年四省市（山东、海南、北京、天津）实行新高考，2021 年河北、辽宁、湖北、湖南、重庆、江苏、福建、广东八个省市作为第三批“新高考”试点省份推行新的高考模式，同时北京、天津、上海、浙江四个省市自主命题。

新高考Ⅰ卷涉及三角函数内容试题有 4 道题，有 2 道单选题，1 道多选题，1 道解答题，分值 27 分，可见三角函数的重要；新高考Ⅱ卷有 1 道单选题，1 道解答题；北京卷有 3 道相关题，包括 1 道选择题，1 道填空题，1 道解答题；上海卷有 2 道相关题，包括 1 道选择题，1 道解答题；天津卷有 2 道相关题，包括 1 道选择题，1 道解答题；浙江卷涉及三角函数内容试题有 4 道题，有 2 道单选题，1 道填空题，1 道解答题；全国甲卷（文理科）涉及三角函数内容试题有 3 道题，有 2 道单选题，1 道填空题；全国乙卷（文理科）涉及三角函数内容试题有 4 道题，有 3 道单选题，1 道填空题。三角函数试题题量及分值一直保持稳定在 15—27 分之间。

二、命题特征分析

2021 年高考数学试卷中涉及三角函数内容的命题以教育部考试中心制定的《中国高考评价体系》为指导，以《标准》为重要参考，三角函数试题考查了考生对数学的基础知识和基本技能的掌握程度，对数学基本思想和数学本质的理解程度以及对数学基本活动经验的获得程度，具有较高的信度、效度和必要的区分度。基础知识重点考查三角函数图像变换、单调性、周期性、奇偶性、最值、特殊函数值等综合问题。试题在能力立意的基础上逐步体现出素养立意过度的趋势。

1. 考查基础，稳中有新

（2021 新高考Ⅰ卷第 6 题）若 $\tan\theta=-2$，则 $\dfrac{\sin\theta(1+\sin 2\theta)}{\sin\theta+\cos\theta}=$（　　）。

A. $-\dfrac{6}{5}$　　B. $-\dfrac{2}{5}$　　C. $\dfrac{2}{5}$　　D. $\dfrac{6}{5}$

试题分析：本题考查三角函数基本概念和基本公式，方法多样，既可以由已知$\tan\theta=-2$，利用三角函数定义计算$\sin\theta$，$\cos\theta$的值进行代入运算，也可以将问题代数式通过不断公式变形转化为仅带有$\tan\theta$形式的代数式，再进行代入求解。从解法上看前者入手较为容易，学生合理地选择运算方法，设计运算步骤，注重运算细节，公式运用准确都体现了数学运算素养；后者解法突出化归思想，过程中更多展现了逻辑推理素养。

（2021全国甲卷理科第9题）若$\alpha\in(0,\frac{\pi}{2})$，$\tan 2\alpha=\frac{\cos\alpha}{2-\sin\alpha}$，则$\tan\alpha=$(　　)。

A. $\frac{\sqrt{15}}{15}$　　B. $\frac{\sqrt{5}}{5}$　　C. $\frac{\sqrt{5}}{3}$　　D. $\frac{\sqrt{15}}{3}$

试题分析：本题与上一题相比较难度更高，突出考查数学运算中体现的逻辑推理水平，将$\tan 2\alpha$形式转化为$\sin\alpha$，$\cos\alpha$形式是解题的关键，运算程序的设计尤为重要，学生需要在探索和尝试中逐步解决问题，这体现了对于数学素养的要求。

2. 背景灵活，注重理解

（2021北京卷第7题）函数$f(x)=\cos x-\cos 2x$，试判断函数的奇偶性和最大值(　　)。

A. 奇函数，最大值为2　　B. 偶函数，最大值为2

C. 奇函数，最大值为$\frac{9}{8}$　　D. 偶函数，最大值为$\frac{9}{8}$

试题分析：本题函数解析式并不是学生熟悉的$y=A\sin(\omega x+\varphi)$形式，也不能转化，需要学生在陌生的情境中基于对于三角函数性质的理解，运用定义判断奇偶性。最大值则需转化为复合函数形式，利用二次函数求解最值，同时还需注意定义域。

（2021上海卷第15题）已知$f(x)=3\sin x+2$，对于任意的$x_1\in\left[0,\frac{\pi}{2}\right]$，都存在$x_2\in\left[0,\frac{\pi}{2}\right]$使得$f(x_1)=2f(x_2+\theta)+2$成立，则下列选项可行的$\theta$是(　　)。

A. $\frac{3\pi}{5}$　　B. $\frac{4\pi}{5}$　　C. $\frac{6\pi}{5}$　　D. $\frac{7\pi}{5}$

试题分析：本题函数解析式较为熟悉，但设问中考查对于全称量词命题和存在量词命题的理解，对于三角函数图像和特殊三角函数值考察要求较高，要具备一定的估算能力，属于难题。学生只有按照课标要求理解三角函数图像才能解决这一问题。

（2021浙江卷第7题）已知函数$f(x)=x^2+\frac{1}{4}$，$g(x)=\sin x$，则图像为如图的函数可能为(　　)。

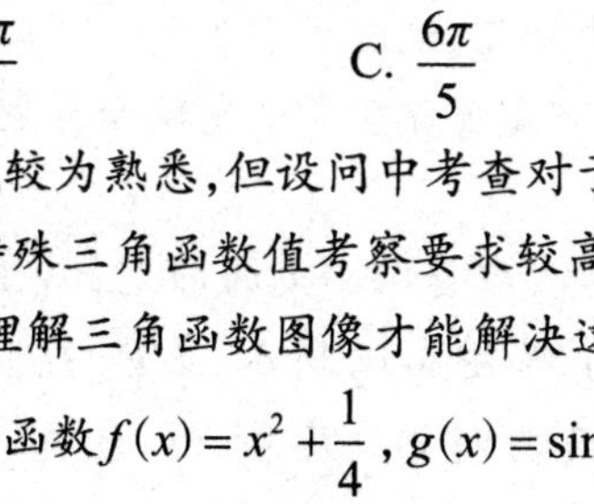

图4-17

A. $y=f(x)+g(x)-\frac{1}{4}$　　B. $y=f(x)-g(x)-\frac{1}{4}$

C. $y=f(x)g(x)$　　D. $y=\frac{g(x)}{f(x)}$

试题分析:本题需要学生全面掌握函数的性质,利用函数性质判断函数图像,确定函数解析式。学生需要选择函数性质,设计判断的程序,逐步排除选项,这一过程体现了学生的自主性,凸显逻辑推理、数学运算等素养的要求。

3. 广泛联系,关注迁移

(2021 天津卷第 9 题)设 $a\in R$,函数 $f(x)=\begin{cases}\cos(2\pi x-2\pi a) & x<a\\ x^2-2(a+1)x+a^2+5 & x\geqslant a\end{cases}$,若函数 $f(x)$ 在区间 $(0,+\infty)$ 内恰有 6 个零点,则 a 的取值范围是(　　)。

A. $\left(2,\frac{9}{4}\right]\cup\left(\frac{5}{2},\frac{11}{4}\right]$　B. $\left(\frac{7}{4},2\right]\cup\left(\frac{5}{2},\frac{11}{4}\right]$　C. $\left(2,\frac{9}{4}\right]\cup\left[\frac{11}{4},3\right)$　D. $\left(\frac{7}{4},2\right)\cup\left[\frac{11}{4},3\right)$

试题分析:本题是一道函数综合题,考查函数图像和函数零点,为高难度题。学生通过零点个数要考虑到三角函数的周期性,结合函数图像性质,通过直观想象找到参数 a 对于函数图像的影响,从而确定符合题目条件的取值范围。在复杂情境中准确把握三角函数模型和二次函数模型的图像特征是解题的关键。

(2021 浙江卷第 8 题)已知 α, β, γ 是互不相同的锐角,则在 $\sin\alpha\cos\beta$, $\sin\beta\cos\gamma$, $\sin\gamma\cos\alpha$ 三个值中,大于 $\frac{1}{2}$ 的个数的最大值是(　　)。

A. 0　　B. 1　　C. 2　　D. 3

试题分析:本题是三角函数值与基本不等式相结合的综合题,为较难题目。需要观察三角函数形式,联想到 $\sin^2\alpha+\cos^2\alpha=1$ 和基本不等式,将知识迁移到新的情境中,解决新的问题。本题需要构建基本不等式模型,这对于学生是一种挑战,选取特殊的三角函数值进行尝试也是解题中必不可少的,这就需要学生自主发现和自主探究。

4. 情境多样,注重文化

(2021 全国乙卷理科第 9 题)魏晋时期刘徽撰写的《海岛算经》是关于衡量的数学著作,其中第一题是衡量海岛的高,如图 4-18 所示,点 E, H, G 在水平线 AC 上,DE 和 FG 是两个垂直于水平面且等高的测量标杆的高度,称为"表高",EG 称为"表距",GC 和 EH 都称为"表目距",GC 和 EH 的差称为"表目距的差",则海岛的高 AB =(　　)。

A. $\frac{\text{表高}\times\text{表距}}{\text{表目距的差}}+\text{表高}$　　B. $\frac{\text{表高}\times\text{表距}}{\text{表目距的差}}-\text{表高}$

C. $\frac{\text{表高}\times\text{表距}}{\text{表目距的差}}+\text{表距}$　　D. $\frac{\text{表高}\times\text{表距}}{\text{表目距的差}}-\text{表距}$

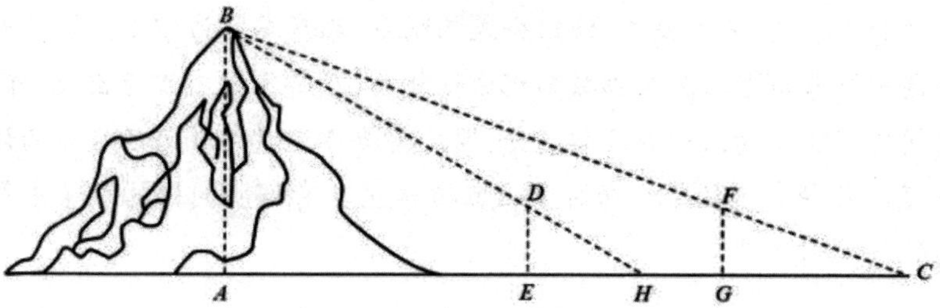

图 4-18

试题分析：本题以《海岛算经》中的一个测量问题为背景设计题目，对于情境问题进行了初步的抽象，降低了对于学生数学抽象的考查要求，但作为一个陌生情境同样要求学生抽象必要的数学模型进行解题。虽然本题看似可以用比例解题，但作为高中生构建利用正切函数定义的等式 $\frac{AB}{\tan C}-\frac{AB}{\tan H}=EG+GC-EH$（$AC-AH=HC$）将高度问题转化为可测量的长度问题，思路更为简洁。我国自古就有对于三角问题的研究，此问题有深厚的文化背景，体现了文化育人的学科育人目标。

（2021 全国新高考Ⅱ卷第 4 题）北斗三号全球卫星导航系统是我国航天事业的重要成果。在卫星导航系统中，地球静止同步卫星的轨道位于地球赤道所在平面，轨道高度（卫星到地面表面的距离）为 $36000km$，将地球看作是一个球心为 O，半径 r 为 $6400km$ 的球，其上点 A 的纬度是指 OA 与赤道平面所成角的度数。地球表面上能直接观测到一颗地球静止同步轨道卫星点的纬度最大值为 α，记卫星信号覆盖地球表面的表面积为 $S=2\pi r^2(1-\cos\alpha)$（单位：km^2），则 S 占地球表面积的百分比约为（　　）。

A. 26%　　　B. 34%　　　C. 42%　　　D. 50%

试题分析：本题与上一题相比，对于直观想象、数学抽象和数学建模素养的考查要求更高，表面上看是考查球体的问题，但需要根据相切的性质构建直角三角形模型，利用三角函数值解决问题。学生解决问题的过程更像一个数学建模研究过程，在复杂的情境中，通过直观想象、数学抽象、数学运算解决问题，体现了素养立意，尽管题目本身为中等题，但体现了未来命题的趋势。

5. 与解三角形结合密切

（2021 天津卷第 16 题）在 ΔABC 中，内角 A、B、C 对边分别为 a、b、c，且 $\sin A:\sin B:\sin C=2:1:\sqrt{2}$，$b=\sqrt{2}$。

（1）求 a 值；（2）求 $\cos C$ 值；（3）求 $\sin(2C-\frac{\pi}{6})$ 值。

（2021 北京卷第 16 题）已知在 $\triangle ABC$ 中，$c=2b\cos B$，$C=\frac{2\pi}{3}$。

（1）求 B 的大小。

（2）在下列三个条件中选择一个作为已知，使 $\triangle ABC$ 存在且唯一确定，并求出 BC 边上的中线的长度。①$c=\sqrt{2}b$；②周长为 $4+2\sqrt{3}$；③面积为 $S_{\Delta ABC}=\frac{3\sqrt{3}}{4}$。

试题分析：本类试题主要考查解三角形中正弦定理、余弦定理、面积公式等内容。天津卷与三角函数和角公式、差角公式、倍角公式相联系，北京卷则为学生提供多种选择。

高考试题中解三角形与三角函数知识密切相关，在解答题中常有出现，作为这一类问题学生在短时间内需要阅读试题并理解题意，因此需要学生具备较好的数学阅读能力，理解题意并注意试题的各种表达细节。题目不仅需要学生具有解决问题的数学素养，更需要其具有严谨求实的科学态度。

三、复习教学建议

依据《标准》，每一个数学学科核心素养划分为三个水平，每一个水平是通过数学学科核心素养的具体表现和体现数学学科核心素养的四个方面进行表述的。学生的数学核心素养是数学行为的产生机制（关键能力）和显性特质（必备品格），需要一个完整的数学过程来体现。情境与问题、知识与技能、思维与表达、交流与反思四个方面既能描述学生掌握核心素养的学业质量水平，也对数学教学提供了启示。教学中以学生为主体，设计和实施体现上述四个方面的数学活动，可以不断发展学生的核心素养，达到高考考查要求也变得水到渠成。

三角函数是高中数学的重点，在高考题中是较容易得分的考点，也是学生学习的一个难点，不仅公式多且在三角函数的变形过程中有一定的技巧性，教学中不应过分强调训练巩固技巧，而应从理解的角度化繁为简，才能事半功倍。

1. 夯实基础，掌握基础知识与基本技能

从三角函数的定义出发，利用同角三角函数关系式、诱导公式进行简单的三角函数化简、求值，结合三角函数的图像，准确掌握三角函数的单调性、奇偶性、周期性、最值、对称性等性质，并能正确地描述三角函数图像的变换规律。加深三角函数图像和性质的研究，突出学生的自主性，发展学生研究三角函数的方法和技能，对于关键的公式推导和分析，教师不能越俎代庖。

“五点法”画正弦函数图像是求解三角函数中的参数及正确理解图像变换的关键，因此复习时应精选典型例题（选择题、填空题、解答题）加以训练和巩固，把解决问题的方法技巧进行归纳、整理，做到举一反三、触类旁通。引导学生构建知识体系，做到一题多解或者多题一解，一题多变，建立知识和考点的有机联系。

2. 提升能力，注重情境教学与知识迁移

从命题趋势看，数学情境、科学情境、生活情境与文化情境均可以作为三角函数知识的考察情境，这源于三角函数知识本身的特殊性。从历史发展看三角是一门古老的数学门类，基于测量、历法和天文学的三角知识遍布中国数学古籍。从生产生活看，三角函数与物理、地理等学科联系密切，生活中也应用广泛。从数学内容看，三角函数内容与解三角形、函数、解析几何、立体几何、向量等内容便于整合，形成综合问题。教学中应有意识地发展学生阅读、感知、分析情境的能力，在情境中抽象数学问题，在复杂情境中提炼三角函数典型模型，进一步进行推理和运算。

特别指出与三角函数联系密切的解三角形问题，要从正余弦定理的公式出发，结合三角形的面积公式,灵活求解三角形中的边角问题以及三角形中边角互化,判断三角形的形状等问题。由于近年来出现了具有选择性的高考题目,这需要在教学中理解已知条件的本质,注意三角形中隐含条件的挖掘利用,选择最佳路径进行解题。

3. 关注素养,培养思想方法和思维品格

三角函数是特殊的函数,其思想方法多种多样,教学时要重视思想方法的渗透。数形结合思想在三角函数中有着广泛的应用,如三角函数在闭区间上的最值问题可以利用三角函数的图像和性质,三角函数的零点问题、对称中心、对称轴以及三角函数的平移变换、伸缩变换等都渗透数形结合思想。在三角函数求值中,把所求的量作为未知数,其余的量通过三角函数转化为未知数的表达式,列出方程,就能把问题转化为含有未知数的方程问题加以解决,渗透方程思想。在含有参数的三角函数中,常常分离参数,把参数看成是变量的函数,利用函数的相关知识解决参数问题,渗透函数思想。同时在同角三角函数关系中,应用平方关系时要根据正负号进行分类讨论,已知三角函数值求角时要分类讨论角的范围,已知两边和其中一边的对角解三角形时可能会出现两解的情况也要分类讨论。

新课程改革背景下,高中数学教师的教学方式在很大程度上决定着学生数学素养的提升。高中三角函数作为培养学生数学核心素养的重要工具,既要让学生在数学能力上得到锻炼,还应在思维品格上有所提升。学生在三角函数学习的过程中,往往被要求在较短时间内接受较多且较完整的数学知识。记忆较多的公式,既要理解和应用中渗透,又要培养学生坚强的意志品质和勇于探究的精神。在学习知识和求解题目过程中要让学生感受到“万变不离其宗”,这样无论题目如何变化,学生总能在变化的题型中,找出已经熟悉的模型,感受到收获的喜悦。创设多样的情境,在理解中学习,学生才能不被枯燥的公式所桎梏,产生研究的兴趣,形成良好的思维品格。

4. 重视应用,彰显数学建模和数学文化

生活中处处有数学,学习数学的最终目的也是服务于生活。在课堂上应有意识地将数学应用和数学建模思想巧妙融入教学之中,使学生不但能掌握扎实的数学知识,而且可以领略数学的理性思维和数学建模思想的深邃,体会到数学的应用价值和对社会发展的巨大推动作用。

数学文化是数学的思想、方法、观点与精神及其与社会的联系等,是数学课程思政育人的重要载体。在三角函数的教学过程中,要将具有数学文化内涵的内容有机融入社会主义核心价值观、中华优秀传统文化、革命文化和社会主义先进文化等教育内容;要体现经济、政治、文化、科技、社会、生态等发展的新成就、新成果;要培养学生社会责任感、创新精神、实践能力,将学科课程思政落到实处。

四、结语

高考命题趋势并不是三角函数教学的指挥棒,更多体现的是新课程标准的要求。从能力立意到素养立意的转变体现在试题情境的丰富、解题思路的灵活、学生选择的多样、思维品质的呈现,解题过程将从传统意义上的分析、推理、运算、求解,转变为情境、想象、抽象、推理、模型、运算、辨析的研究过程。传统教学中精讲多练的巩固型模式和题海战术既不能顺应高考命题趋势，更不符合课程标准要求。未来的教学应关注学生的学习过程、知识的生成过程、能力的发展过程、素养的形成过程，这样才能与高中数学知识育人、文化育人的目标相匹配，立德树人才能落到实处。

第六节　课程标准模块　第二册第六章　平面向量及其应用

一、学情分析

师生都强化了数学建模的应用意识。

二、单元学习素养目标

（1）用向量方法解决简单几何问题、实际问题的方法与步骤。

（2）用向量方法证明余弦定理和正弦定理，余弦定理和正弦定理的应用，如何把几何问题、实际问题转化为向量问题，余弦定理和正弦定理的证明。

（3）用向量方法解决一些简单的平面几何问题和物理问题，依次提升直观想象、数学建模、逻辑推理和数学运算素养。

三、开放性学习环境

增加了师生互动及效果评价和学生作业展示。

★知识导入

聚焦高考，把握脉络；立足核心素养，强化思维

一、题目呈现

（2023 年高考天津卷第 14 题）在三角形 ABC 中（如图 4-19 所示），$\angle A=\dfrac{\pi}{3}$，$|\overrightarrow{BC}|=1$，D 为 AB 的中点，E 为 CD 的中点，若设 $\overrightarrow{AB}=\vec{a}$，$\overrightarrow{AC}=\vec{b}$，则 $\overrightarrow{AE}$ 可用 $\vec{a}$，$\vec{b}$ 表示为__________；若 $\overrightarrow{BF}=\dfrac{1}{3}\overrightarrow{BC}$，则 $\overrightarrow{AE}\cdot\overrightarrow{AF}$ 的最大值为______________。

二、分析与思维导图

本题是一道平面向量的题，从天津近三年的高考题来看，这一部分都以一道双空题的形式出现，一般来说平面向量的题入手要么利用平面向量基本定理（基底法），将所求向量用两个不共线的向量 $\vec{a}$ 与 $\vec{b}$ 线性表示；要么通过建立平面直角坐标系（坐标法），将平面向量的问题转化为坐标形式来解。

第(1)问分析：通过观察本题的题设条件，条件中给出了三角形中各点的位置，所以选用基底法。利用三角形法则或者平行四边形法则即可得出。

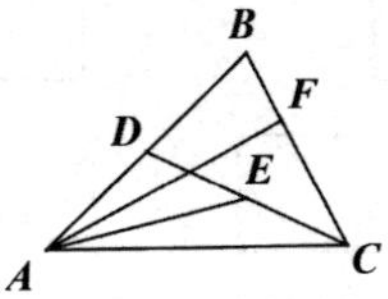

图 4-19

第(2)问分析：总体思路为用基底法和坐标法分别求解。

①基底法。第一问已经将$\overrightarrow{AE}$用$\vec{a}$，$\vec{b}$线性表示出来了，所以这一问首先着眼于先将$\overrightarrow{AF}$用$\vec{a}$，$\vec{b}$表示出来，之后再将$\overrightarrow{AE}\cdot\overrightarrow{AF}$的表达式整理出来，另外根据题设条件在三角形$ABC$中由余弦定理或者用$|\vec{a}-\vec{b}|=1$平方均可以得出$|\vec{a}|$与$|\vec{b}|$的平方和与乘积之间的关系，从而可以将$\overrightarrow{AE}\cdot\overrightarrow{AF}$的表达式用$|\vec{a}|$与$|\vec{b}|$的乘积形式表达，求出乘积的最大值即可求出$\overrightarrow{AE}\cdot\overrightarrow{AF}$的最大值。

对这个乘积求最大值.我们有以下的四种思路来求解。

思路1：重要不等式。观察已知等式形式，用重要不等式$|\vec{a}|^2+|\vec{b}|^2\geqslant 2|\vec{a}||\vec{b}|$，得出乘积的最大值，即可得出$\overrightarrow{AE}\cdot\overrightarrow{AF}$的最大值。

思路2：正弦定理。观察到题中给出三角形的一边和其中一边所对的角，我们可以通过正弦定理，将$|\vec{a}|$与$|\vec{b}|$用$\angle A$或者$\angle C$表示，从而达到减少变量的目的。

思路3：借助于公式$\vec{a}\cdot\vec{b}=\frac{1}{4}[|\vec{a}+\vec{b}|^2-|\vec{a}-\vec{b}|^2]$，观察$\overrightarrow{AE}\cdot\overrightarrow{AF}$式子用$\vec{a}\cdot\vec{b}$表示，将问题转化后用数形结合思想，转化为点$A$与$BC$的中点之间的最大距离问题，利用三角形外接圆中的性质求出最大值。

思路4：秒杀法(利用均值不等式求最值的原理)。观察等式和所求式子可以看出，$|\vec{a}|$与$|\vec{b}|$在式子中的地位是等同的，由均值不等式的思维，可以断定当$|\vec{a}|=|\vec{b}|=1$时取最大值，代入后直接得到最大值。

②坐标法。如果从坐标法的角度入手，建立合适的坐标系，将各点用坐标表示出来，所以以AC所在直线为x轴，以过点B且垂直于AC所在直线为y轴，建立平面直角坐标系。

设$\angle BCA=\theta(0<\theta<\frac{2\pi}{3})$，将各点的坐标用$\theta$表示出来，进而将$\overrightarrow{AE}\cdot\overrightarrow{AF}$用$\theta$表示出来，化简后的$\overrightarrow{AE}\cdot\overrightarrow{AF}$表示为含$\theta$的三角函数，求该三角函数的最大值即可求得$\overrightarrow{AE}\cdot\overrightarrow{AF}$的最大值。

第(2)问的思维导图如图4-20所示。

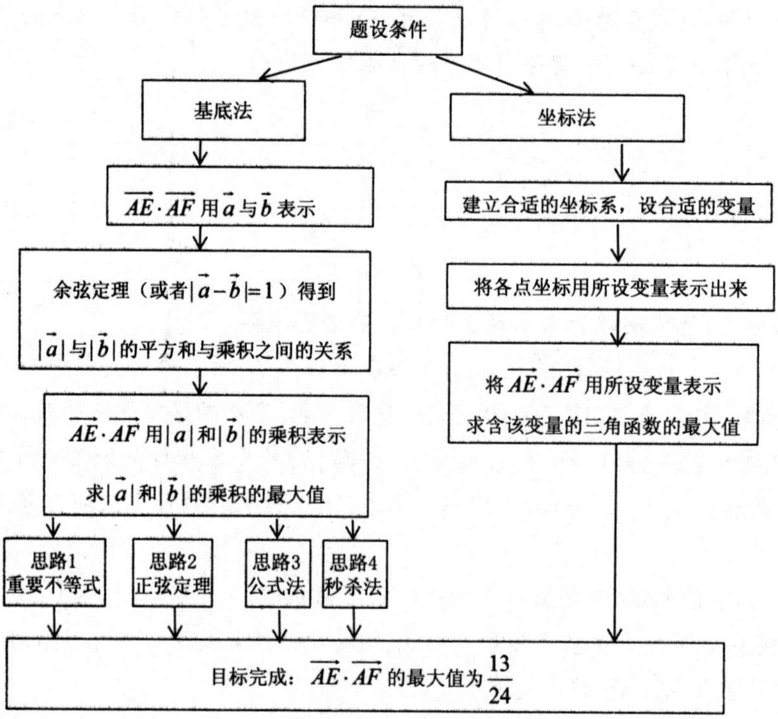

图 4-20　本题思维导图

三、解答

1. 基底法

第(1)问解析

因为 D 为 AB 的中点，E 为 CD 的中点

所以 $\overrightarrow{AE}=\frac{1}{2}\overrightarrow{AD}+\frac{1}{2}\overrightarrow{AC}=\frac{1}{4}\overrightarrow{AB}+\frac{1}{2}\overrightarrow{AC}=\frac{1}{4}\vec{a}+\frac{1}{2}\vec{b}$

第(2)问解析

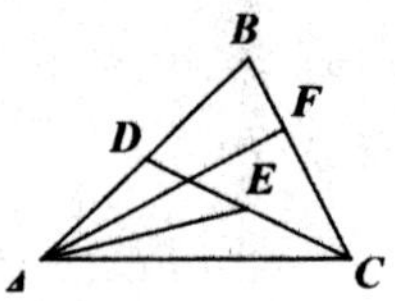

图 4-21

如图 4-21 所示，因为 $\overrightarrow{AF}=\overrightarrow{AB}+\overrightarrow{BF}=\overrightarrow{AB}+\frac{1}{3}\overrightarrow{BC}$

$$=\overrightarrow{AB}+\frac{1}{3}(\overrightarrow{AC}-\overrightarrow{AB})$$

$$=\frac{2}{3}\overrightarrow{AB}+\frac{1}{3}\overrightarrow{AC}=\frac{2}{3}\vec{a}+\frac{1}{3}\vec{b}$$

（或者用平行四边形法则可直接得出）

则 $\overrightarrow{AE}\cdot\overrightarrow{AF}=(\frac{1}{4}\vec{a}+\frac{1}{2}\vec{b})\cdot(\frac{2}{3}\vec{a}+\frac{1}{3}\vec{b})$

$$=\frac{1}{6}|\vec{a}|^2+\frac{5}{12}\vec{a}\cdot\vec{b}+\frac{1}{6}|\vec{b}|^2\ (\ast)$$

在三角形 ABC 中，由余弦定理得 $|\vec{a}|^2+|\vec{b}|^2-1=2|\vec{a}||\vec{b}|\cos\frac{\pi}{3}$

即$|\vec{a}|^2+|\vec{b}|^2=|\vec{a}|\cdot|\vec{b}|+1$

将上式带入（$\star$）式得，$\overrightarrow{AE}\cdot\overrightarrow{AF}=\frac{1}{6}(|\vec{a}|^2+|\vec{b}|^2)+\frac{5}{12}\vec{a}\cdot\vec{b}$

$$=\frac{3}{4}\vec{a}\cdot\vec{b}+\frac{1}{6}=\frac{3}{8}|\vec{a}||\vec{b}|+\frac{1}{6}$$

方法1：重要不等式

因为$|\vec{a}|^2+|\vec{b}|^2\geqslant 2|\vec{a}|\cdot|\vec{b}|$

所以$|\vec{a}|\cdot|\vec{b}|+1\geqslant 2|\vec{a}|\cdot|\vec{b}|$即$|\vec{a}|\cdot|\vec{b}|\leqslant 1$（当且仅当$|\vec{a}|=|\vec{b}|$时等号成立）

所以$\overrightarrow{AE}\cdot\overrightarrow{AF}=\frac{3}{8}|\vec{a}||\vec{b}|+\frac{1}{6}\leqslant\frac{3}{8}+\frac{1}{6}=\frac{13}{24}$

方法2：正弦定理

在三角形ABC中，由正弦定理得：$\frac{|AB|}{\sin C}=\frac{|AC|}{\sin B}=\frac{|BC|}{\sin A}$

即：$\frac{|\vec{a}|}{\sin C}=\frac{|\vec{b}|}{\sin(C+\frac{\pi}{3})}=\frac{|BC|}{\sin A}=\frac{1}{\sin\frac{\pi}{3}}=\frac{2\sqrt{3}}{3}$

所以$|\vec{a}|=\frac{2\sqrt{3}}{3}\sin C$，$|\vec{b}|=\frac{2\sqrt{3}}{3}\sin(C+\frac{\pi}{3})$

所以$\overrightarrow{AE}\cdot\overrightarrow{AF}=\frac{3}{8}|\vec{a}||\vec{b}|+\frac{1}{6}=\frac{3}{8}\cdot\frac{2\sqrt{3}}{3}\sin C\cdot\frac{2\sqrt{3}}{3}\sin(C+\frac{\pi}{3})+\frac{1}{6}$

$$=\frac{1}{2}\sin C\cdot(\frac{1}{2}\sin C+\frac{\sqrt{3}}{2}\cos C)+\frac{1}{6}$$

$$=\frac{1}{4}\sin^2 C+\frac{\sqrt{3}}{4}\sin C\cos C+\frac{1}{6}$$

$$=\frac{1}{4}\cdot\frac{1-\cos 2C}{2}+\frac{\sqrt{3}}{4}\cdot\frac{1}{2}\sin 2C$$

$$=\frac{1}{4}(\frac{\sqrt{3}}{2}\sin 2C-\frac{1}{2}\cos 2C)+\frac{7}{24}$$

$$=\frac{1}{4}\sin(2C-\frac{\pi}{6})+\frac{7}{24}$$

因为$0<C<\frac{2\pi}{3}$

所以$-\frac{\pi}{6}<2C-\frac{\pi}{6}<\frac{7\pi}{6}$

当$2C-\frac{\pi}{6}=\frac{\pi}{2}$时，即$\sin(2C-\frac{\pi}{6})=1$时，$\overrightarrow{AE}\cdot\overrightarrow{AF}$取最大值，此时最大值为$\frac{13}{24}$

方法3：借助于公式$\vec{a}\cdot\vec{b}=\frac{1}{4}[|\vec{a}+\vec{b}|^2-|\vec{a}-\vec{b}|^2]$

$$\overrightarrow{AE}\cdot\overrightarrow{AF}=\frac{3}{4}\vec{a}\cdot\vec{b}+\frac{1}{6}=\frac{3}{4}\cdot\frac{1}{4}[(\vec{a}+\vec{b})^2-(\vec{a}-\vec{b})^2]+\frac{1}{6}$$

$$=\frac{3}{16}[(\overrightarrow{AB}+\overrightarrow{AC})^2-(\overrightarrow{AB}-\overrightarrow{AC})^2]+\frac{1}{6}$$

$$=\frac{3}{16}[(2\overrightarrow{AM})^2-(\overrightarrow{CB})^2]+\frac{1}{6}$$

$$=\frac{3}{4}|\overrightarrow{AM}|^2-\frac{3}{16}|\overrightarrow{CB}|^2+\frac{1}{6}$$

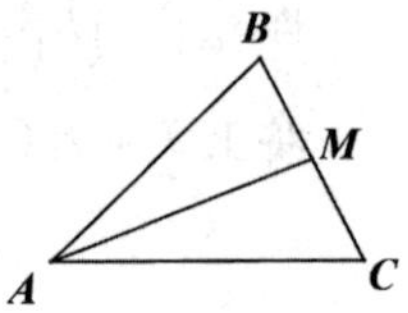

图 4-22

（如图 4-22 所示，M 为 BC 的中点）

因为 $|\overrightarrow{CB}|=1$

所以 $\overrightarrow{AE}\cdot\overrightarrow{AF}=\frac{3}{4}|\overrightarrow{AM}|^2-\frac{1}{48}$

所以 $(\overrightarrow{AE}\cdot\overrightarrow{AF})_{\max}=\frac{3}{4}(|\overrightarrow{AM}|^2)_{\max}-\frac{1}{48}$

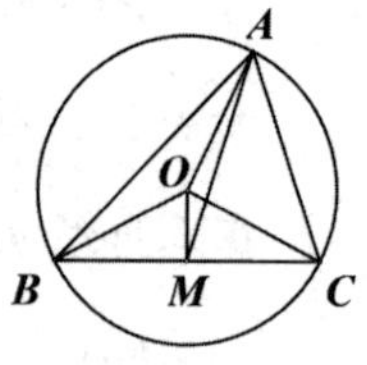

图 4-23

我们可以认为点 A 在弦 BC 所对的某个圆弧上运动（如图 4-23 所示），由三角形中两边之和大于第三边的原理，此时要想 $|\overrightarrow{AM}|$ 的长度最长，即当线段 AM 过点 O 时，也就是 A，O，M 三点共线时（如图 4-24 所示），$|\overrightarrow{AM}|$ 长度最长。

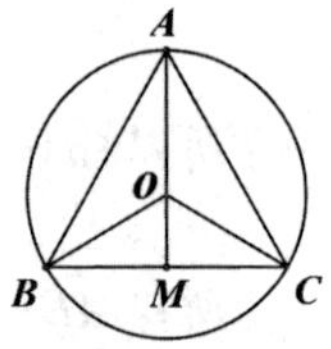

图 4-24

此时 $(|\overrightarrow{AM}|)_{\max}=|AO|+|OM|$

如图 4-24 所示，取最大值时三角形 ABC 是边长为 1 的等边三角形，

则 $\angle BOC=\frac{2\pi}{3}$，即 $\angle BOM=\frac{\pi}{3}$ 在直角三角形 BOM 中，由 $|BM|=\frac{1}{2}$，$\angle BOM=\frac{\pi}{3}$ 则 $|OB|=\frac{\sqrt{3}}{3}$，$|OM|=\frac{\sqrt{3}}{6}$，则 $|OA|=\frac{\sqrt{3}}{3}$

则 $(|\overrightarrow{AM}|)_{\max}=|AO|+|OM|=\frac{\sqrt{3}}{3}+\frac{\sqrt{3}}{6}=\frac{\sqrt{3}}{2}$

所以 $(\overrightarrow{AE}\cdot\overrightarrow{AF})_{\max}=\frac{3}{4}(|\overrightarrow{AM}|^2)_{\max}-\frac{1}{48}=\frac{3}{4}\cdot(\frac{\sqrt{3}}{2})^2-\frac{1}{48}=\frac{13}{24}$

方法 4：秒杀法（利用均值不等式求最值的原理）

无论是从已知得出的等式 $|\vec{a}|^2+|\vec{b}|^2=|\vec{a}|\cdot|\vec{b}|+1$，还是求最大值的式子 $\overrightarrow{AE}\cdot\overrightarrow{AF}=\frac{3}{8}|\vec{a}||\vec{b}|+\frac{1}{6}$ 都可以看出，$|\vec{a}|$ 与 $|\vec{b}|$ 地位等同（将二者互换之后式子是保持不变的），所以根据均值不等式求最值的原理，这种情况当且仅当 $|\vec{a}|=|\vec{b}|$ 时等号成立，即 $|\vec{a}|=|\vec{b}|=1$ 时取得最大值，将其代入后得到 $(\overrightarrow{AE}\cdot\overrightarrow{AF})_{\max}=\frac{3}{8}+\frac{1}{6}=\frac{13}{24}$

2. 坐标法

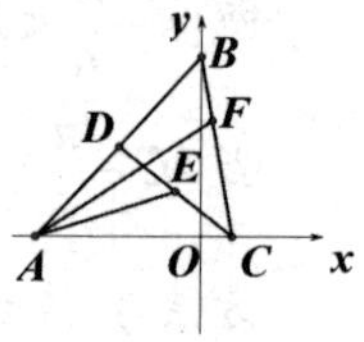

图 4-25

观察图形特点，遵照各点坐标表示起来相对容易的原则，如图 4-25 所示，以 AC 所在直线为 x 轴，以过点 B 且垂直于 AC 所在直线为 y 轴，建立平面直角坐标系。

设 $\angle BCA=\theta(0<\theta<\frac{2\pi}{3})$，由于 $|\overrightarrow{CB}|=1$

则 $|\overrightarrow{OB}|=\cos\theta$，$|\overrightarrow{OC}|=\sin\theta$

因为 $\angle BAC=\frac{\pi}{3}$，所以 $|\overrightarrow{OA}|=\frac{\sqrt{3}}{3}\cos\theta$

所以此时 $A(-\frac{\sqrt{3}}{3}\cos\theta,0)$，$B(0,\cos\theta)$，$C(\sin\theta,0)$

又因为 D 为 AB 的中点，E 为 CD 的中点，$\overrightarrow{BF}=\frac{1}{3}\overrightarrow{BC}$

则有 $D(-\frac{\sqrt{3}}{6}\cos\theta,\frac{1}{2}\cos\theta)$，$E(\frac{1}{2}\sin\theta-\frac{\sqrt{3}}{12}\cos\theta,\frac{1}{4}\cos\theta)$，$F(\frac{1}{3}\sin\theta,\frac{2}{3}\cos\theta)$

则 $\overrightarrow{AE}=(\frac{1}{2}\sin\theta+\frac{\sqrt{3}}{4}\cos\theta,\frac{1}{4}\cos\theta)$，$\overrightarrow{AF}=(\frac{1}{3}\sin\theta+\frac{\sqrt{3}}{3}\cos\theta,\frac{2}{3}\cos\theta)$

$$\begin{aligned}\overrightarrow{AE}\cdot\overrightarrow{AF}&=(\frac{1}{2}\sin\theta+\frac{\sqrt{3}}{4}\cos\theta)(\frac{1}{3}\sin\theta+\frac{\sqrt{3}}{3}\cos\theta)+(\frac{1}{4}\cos\theta)(\frac{2}{3}\cos\theta)\\&=\frac{1}{6}\sin^2\theta+\frac{\sqrt{3}}{4}\sin\theta\cos\theta+\frac{5}{12}\cos^2\theta\\&=\frac{1}{6}\cdot\frac{1}{2}(1-\cos2\theta)+\frac{\sqrt{3}}{4}\cdot\frac{1}{2}\sin2\theta+\frac{5}{12}\cdot\frac{1}{2}(1+\cos2\theta)\\&=\frac{\sqrt{3}}{8}\sin2\theta+\frac{1}{8}\cos2\theta+\frac{7}{24}=\frac{1}{4}\sin(2\theta+\frac{\pi}{6})+\frac{7}{24}\end{aligned}$$

因为 $0<\theta<\frac{2\pi}{3}$

所以 $\frac{\pi}{6}<2\theta+\frac{\pi}{6}<\frac{3\pi}{2}$

当 $2\theta+\frac{\pi}{6}=\frac{\pi}{2}$ 时，即 $\sin(2\theta+\frac{\pi}{6})=1$ 时，$\overrightarrow{AE}\cdot\overrightarrow{AF}$ 取最大值，此时最大值为 $\frac{13}{24}$

四、试题研究

1. 从近四年的天津高考数学卷平面向量题中看高考复习

首先，回顾一下2020—2022年高考天津卷中的平面向量题。

（2022年天津卷第14题）在 ΔABC 中，$\overrightarrow{CA}=\vec{a}$，$\overrightarrow{CB}=\vec{b}$，$D$ 是 AC 中点，$\overrightarrow{CB}=2\overrightarrow{BE}$，试用 $\vec{a}$，$\vec{b}$ 表示 $\overrightarrow{DE}$ 为________，若 $\overrightarrow{AB}\perp\overrightarrow{DE}$，则 $\angle ACB$ 的最大值为__________。

（2021年天津卷第15题）在边长为1的等边三角形 ABC 中，D 为线段 BC 上的动点，$DE\perp AB$ 且交 AB 于点 E，$DF//AB$ 且交 AC 于点 F，则 $|2\overrightarrow{BE}+\overrightarrow{DF}|$ 的值为____________；$(\overrightarrow{DE}+\overrightarrow{DF})\cdot\overrightarrow{DA}$ 的最小值为______。

（2020年天津卷第15题）如图4-26所示，在四边形 $ABCD$ 中，$\angle B=60°$，$AB=3$，$BC=6$，且 $\overrightarrow{AD}=\lambda\overrightarrow{BC}$，$\overrightarrow{AD}\cdot\overrightarrow{AB}=-\frac{3}{2}$，则实数 λ 的值为__，若 M，N 是线段 BC 上的动点，且 $|\overrightarrow{MN}|=1$，则 $\overrightarrow{DM}\cdot\overrightarrow{DN}$ 的最小值为_____。

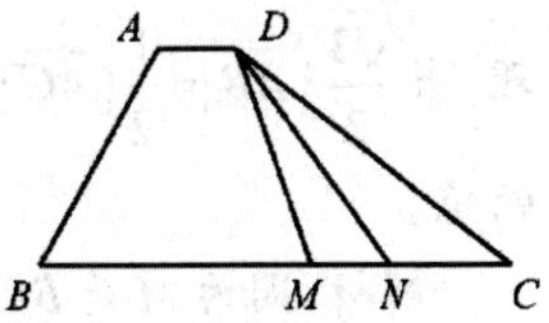

图 4-26

不难看出，2020—2023这四年的高考中，平面向量这一部分均出现在填空题后两道题的位置，并且均是以双空题的形式出现，难度来看都是中等的，这些题都秉承着解决平面向量问题的基本思路和基本方法——基底法和坐标法，当然，求最值时可以运用求函数值域的多种方法。所以从总体来看，在高三复习平面向量这一章时，一定要对本章的内容形成整体的大框架结构，夯实基础，掌握典型题的通性通法，充分理解知识，不仅仅是公式定理的表层，而是对于每个定理定义、公式由来、为什么研究它以及它能干什么用等要仔细研究，深入复习，真正地理解平面向量在高中数学中的工具性作用，同时注重各章知识之间的综合应用，这样能够使学生对问题的理解更加透彻。

2. 试题溯源

人教A版教材53页习题6.4的第12题

如图4-27所示，在ΔABC中，已知$AB=2$，$AC=5$，$\angle BAC=60°$，BC，AC边上的两条中线AM，AN相交于点P，求$\angle MPN$的余弦值。

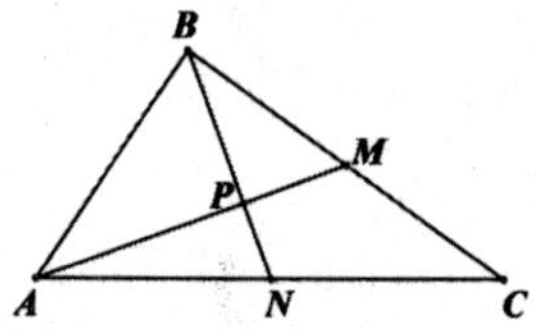

图4-27

这道教材习题是根据平面向量的知识来解决三角形中的问题，将已知问题转化为求$\overrightarrow{AM}$与$\overrightarrow{BN}$的夹角问题，既可以用基底法也可以用坐标法来求解。2023年天津卷第14题是基于教材习题的基础上，加入均值不等式、正余弦定理等知识，是一道综合题，考查学生数学思维能力、数学计算能力和数学应用能力，充分体现了数学的核心素养。

五、练习链接

1. 在ΔABC中（图4-28），M是BC的中点，N是线段BM的中点. 设$\overrightarrow{AB}=\vec{a}$，$\overrightarrow{AC}=\vec{b}$，试用$\vec{a}$，$\vec{b}$表示$\overrightarrow{AN}$为__________；若$\angle A=\frac{\pi}{6}$，$\Delta ABC$的面积为$\sqrt{3}$，则当$|\overrightarrow{BC}|=$______时，$\overrightarrow{AM}\cdot\overrightarrow{AN}$取得最小值。

分析：从已知条件看，考虑用基底法来解，第一问利用三角形法则导出，第二问将$\overrightarrow{AM}\cdot\overrightarrow{AN}$用$\vec{a}$和$\vec{b}$表示，根据已知给出的三角形面积以及$\angle A$的度数，得出$|\overrightarrow{AB}|\cdot|\overrightarrow{AC}|$的值，从而根据余弦定理得出$|\overrightarrow{BC}|$的表达式.

思路1：均值不等式

利用均值不等式求出$\overrightarrow{AM}\cdot\overrightarrow{AN}$的最小值，并借助取得最小值的条件代入余弦定理得到的$|\overrightarrow{BC}|$表达式中，从而得到$|\overrightarrow{BC}|$的值。

思路2：秒杀法

将$\overrightarrow{AM}\cdot\overrightarrow{AN}$的表达式凑出地位相同的两个量$\frac{\sqrt{3}}{2}|\overrightarrow{AB}|$和$\frac{1}{2}|\overrightarrow{AC}|$，根据均值不等式原理，当$\frac{\sqrt{3}}{2}|\overrightarrow{AB}|=\frac{1}{2}|\overrightarrow{AC}|=\sqrt{3}$时，$\overrightarrow{AM}\cdot\overrightarrow{AN}$取得最小值，从而迅速代入余弦定理中解出$|\overrightarrow{BC}|$的值。

解析：因为M是BC的中点，N是线段BM的中点

所以$\overrightarrow{AM}=\frac{1}{2}(\overrightarrow{AB}+\overrightarrow{AC})$，$\overrightarrow{AN}=\frac{1}{2}(\overrightarrow{AB}+\overrightarrow{AM})$

所以$\overrightarrow{AN}=\frac{1}{2}(\overrightarrow{AB}+\overrightarrow{AM})=\frac{1}{2}\overrightarrow{AB}+\frac{1}{2}(\frac{1}{2}\overrightarrow{AB}+\overrightarrow{AC})=\frac{3}{4}\overrightarrow{AB}+\frac{1}{4}\overrightarrow{AC}=\frac{3}{4}\vec{a}+\frac{1}{4}\vec{b}$

在ΔABC中，

因为$\angle A=\dfrac{\pi}{6}$，ΔABC的面积为$\sqrt{3}$

所以$S_{\Delta ABC}=\dfrac{1}{2}|\overrightarrow{AB}||\overrightarrow{AC}|\sin\dfrac{\pi}{6}=\sqrt{3}$

所以$|\overrightarrow{AB}||\overrightarrow{AC}|=4\sqrt{3}$

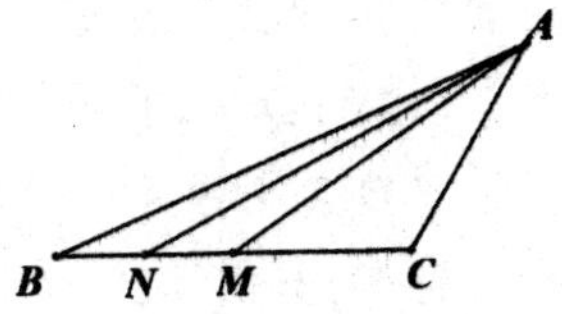

图 4-28

又因为$\overrightarrow{AM}=\dfrac{1}{2}(\overrightarrow{AB}+\overrightarrow{AC})$，$\overrightarrow{AN}=\dfrac{3}{4}\overrightarrow{AB}+\dfrac{1}{4}\overrightarrow{AC}$

所以$\overrightarrow{AM}\cdot\overrightarrow{AN}=\dfrac{1}{2}(\overrightarrow{AB}+\overrightarrow{AC})\cdot(\dfrac{3}{4}\overrightarrow{AB}+\dfrac{1}{4}\overrightarrow{AC})=\dfrac{3}{8}\overrightarrow{AB}^2+\dfrac{1}{8}\overrightarrow{AC}^2+\dfrac{1}{2}\overrightarrow{AB}\cdot\overrightarrow{AC}$

$$=\frac{3}{8}|\overrightarrow{AB}|^2+\frac{1}{8}|\overrightarrow{AC}|^2+\frac{1}{2}|\overrightarrow{AB}|\times|\overrightarrow{AC}|\cos\frac{\pi}{6}$$

方法 1：$\overrightarrow{AM}\cdot\overrightarrow{AN}=\dfrac{3}{8}|\overrightarrow{AB}|^2+\dfrac{1}{8}|\overrightarrow{AC}|^2+\dfrac{1}{2}|\overrightarrow{AB}|\times|\overrightarrow{AC}|\cos\dfrac{\pi}{6}$

$$\geqslant 2\sqrt{\frac{3}{8}\times\frac{1}{8}}\times|\overrightarrow{AB}|\times|\overrightarrow{AC}|+\frac{1}{2}\times4\sqrt{3}\times\frac{\sqrt{3}}{2}=6$$

（当且仅当$|\overrightarrow{AC}|=\sqrt{3},|\overrightarrow{AB}|=2\sqrt{3}$时等号成立）

所以$\overrightarrow{AM}\cdot\overrightarrow{AN}$的最小值为 6，此时$|AC|=2\sqrt{3}$，$|AB|=2$，$\angle A=\dfrac{\pi}{6}$

在ΔABC中，由余弦定理得，

$$|BC|^2=|AC|^2+|AB|^2-2|AC|\cdot|AB|\cos\frac{\pi}{6}=12+4-2\times2\sqrt{3}\times2\times\frac{\sqrt{3}}{2}=4$$

所以$BC=2$

方法 2：秒杀法

由$\overrightarrow{AM}\cdot\overrightarrow{AN}=\dfrac{3}{8}|\overrightarrow{AB}|^2+\dfrac{1}{8}|\overrightarrow{AC}|^2+\dfrac{1}{2}|\overrightarrow{AB}|\times|\overrightarrow{AC}|\cos\dfrac{\pi}{6}$可得

$$\overrightarrow{AM}\cdot\overrightarrow{AN}=\frac{1}{2}(\frac{\sqrt{3}}{2}|\overrightarrow{AB}|)^2+\frac{1}{2}(\frac{1}{2}|\overrightarrow{AC}|)^2+(\frac{\sqrt{3}}{2}|\overrightarrow{AB}|)\times(\frac{1}{2}|\overrightarrow{AC}|)$$

观察上式的形式不难发现，$\dfrac{\sqrt{3}}{2}|\overrightarrow{AB}|$与$\dfrac{1}{2}|\overrightarrow{AC}|$地位等同（互换后式子保持不变）

所以根据均值不等式原理可知当且仅当$\dfrac{\sqrt{3}}{2}|\overrightarrow{AB}|=\dfrac{1}{2}|\overrightarrow{AC}|$时取得最小值，

又因为$|\overrightarrow{AB}||\overrightarrow{AC}|=4\sqrt{3}$

所以$\dfrac{\sqrt{3}}{2}|\overrightarrow{AB}|=\dfrac{1}{2}|\overrightarrow{AC}|=\sqrt{3}$时，取得最小值，将以上结果代入方法一中余弦定理得出的$|BC|^2=|AC|^2+|AB|^2-2|AC|\cdot|AB|\cos\dfrac{\pi}{6}$式子中，求得$BC=2$。

2. 在梯形$ABCD$中，$AB//CD$，且$AB=2CD$，M，N分别为线段DC和AB的中点，若$\overrightarrow{AB}=\vec{a}$，$\overrightarrow{AD}=\vec{b}$，用$\vec{a}$，$\vec{b}$表示$\overrightarrow{MN}=$______________. 若$\overrightarrow{MN}\perp\overrightarrow{BC}$，则$\angle DAB$余弦值的最小值为____________。

分析：对于第一问，用基底法来求解即可。

对于第二问，将 $\overrightarrow{MN}$ 与 $\overrightarrow{BC}$ 分别用 $\vec{a}$ 和 $\vec{b}$ 线性表示，从而将 $\overrightarrow{MN}\cdot\overrightarrow{BC}$ 用 $\vec{a}$ 和 $\vec{b}$ 表示出来，使其为 0，建立等量关系，从中导出 $\cos\angle DAB$ 用 $|\vec{a}|$ 和 $|\vec{b}|$ 表示。

思路 1：均值不等式求最值

思路 2：秒杀法

详解：如图 4-29 所示，因为 M，N 分别为线段 DC 和 AB 的中点，$AB=2CD$

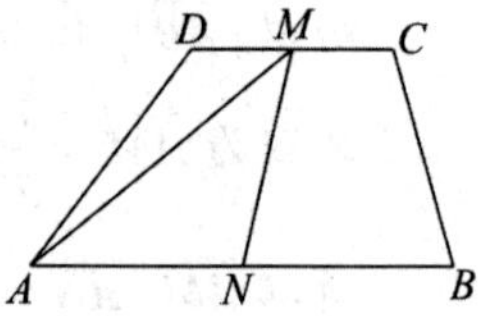

图 4-29

所以 $\overrightarrow{MN}=\overrightarrow{AN}-\overrightarrow{AM}=\frac{1}{2}\overrightarrow{AB}-(\overrightarrow{AD}+\overrightarrow{DM})=\frac{1}{2}\overrightarrow{AB}-\overrightarrow{AD}-\frac{1}{2}\overrightarrow{DC}$

$=\frac{1}{2}\overrightarrow{AB}-\overrightarrow{AD}-\frac{1}{2}\times\frac{1}{2}\overrightarrow{AB}=\frac{1}{4}\overrightarrow{AB}-\overrightarrow{AD}=\frac{1}{4}\vec{a}-\vec{b}$

所以 $\overrightarrow{MN}=\frac{1}{4}\vec{a}-\vec{b}$

设 $\vec{a}$ 与 $\vec{b}$ 夹角为 θ，即 $\angle DAB=\theta$，

由图可知，$\overrightarrow{BC}=\overrightarrow{BA}+\overrightarrow{AD}+\overrightarrow{DC}=-\overrightarrow{AB}+\overrightarrow{AD}+\frac{1}{2}\overrightarrow{AB}=-\frac{1}{2}\overrightarrow{AB}+\overrightarrow{AD}=-\frac{1}{2}\vec{a}+\vec{b}$

又因为 $\overrightarrow{MN}\perp\overrightarrow{BC}$

所以 $\overrightarrow{MN}\cdot\overrightarrow{BC}=0$

所以 $\overrightarrow{MN}\cdot\overrightarrow{BC}=(\frac{1}{4}\vec{a}-\vec{b})\cdot(-\frac{1}{2}\vec{a}+\vec{b})=-\frac{1}{8}|\vec{a}|^2+\frac{3}{4}|\vec{a}||\vec{b}|\cos\theta-|\vec{b}|^2=0$

又因为 $|\vec{a}|>0$，$|\vec{b}|>0$，

所以 $\cos\theta=\frac{|\vec{a}|^2+8|\vec{b}|^2}{6|\vec{a}||\vec{b}|}$

方法 1：均值不等式求最值

$$\cos\theta=\frac{|\vec{a}|^2+8|\vec{b}|^2}{6|\vec{a}||\vec{b}|}=\frac{|\vec{a}|}{6|\vec{b}|}+\frac{8|\vec{b}|}{|\vec{a}|}\geqslant 2\sqrt{\frac{|\vec{a}|}{6|\vec{b}|}\cdot\frac{8|\vec{b}|}{|\vec{a}|}}=\frac{2\sqrt{2}}{3}$$

（当且仅当 $|\vec{a}|=2\sqrt{2}|\vec{b}|$ 时等号成立）

方法 2：秒杀法

$$\cos\theta=\frac{|\vec{a}|^2+8|\vec{b}|^2}{6|\vec{a}||\vec{b}|}=\frac{|\vec{a}|^2+(2\sqrt{2}|\vec{b}|)^2}{\frac{3\sqrt{2}}{2}(|\vec{a}|\times 2\sqrt{2}|\vec{b}|)}$$

观察可知，$|\vec{a}|$ 与 $2\sqrt{2}|\vec{b}|$ 地位等同（互换后式子保持不变）

则当 $|\vec{a}|=2\sqrt{2}|\vec{b}|$ 时取得最小值，将其代入得出最小值为 $\frac{2\sqrt{2}}{3}$。

六、总结提升

曾有人总结高考题的作用，里面写了这样几点。

（1）高考题是最好的练习题——检验学习效果。

（2）提高实战经验。

（3）提高教学和备考质量。

(4)把握命题思路,具有导向型作用。

当然前两条是对下一年级学生的,后两条是针对教师的。

对于学生,数学学习要面面俱到,事无巨细,对每一章、每一节、每一个定理定义、每一个公式都要非常熟悉,每一章学完要整理思维导图,形成自己的框架结构,对典型题必须掌握其通性通法,什么类型的题会用到这些方法,举一反三加以练习,达到掌握的目的。

对于教师,要立足当年或者近三年近五年的高考题,深入研究,反思教学,总结提升,注重学生数学核心素养的培养,让课堂从原来有效课堂发展成优质课堂。

第七节　课程标准模块　第二册第七章　复数

一、学情分析

师生都强化了数学建模的应用意识。

二、单元学习素养目标

(1)理解复数的概念、形式和表示方法。

(2)掌握复数的代数表示及其几何意义。

(3)理解两个复数相等的含义。

(4)能正确使用复数形式进行句子的构成和表达。

(5)能正确理解并运用复数的运算规则进行计算。

(6)培养学生对复数问题的探究精神和创新意识。

(7)培养学生对数学问题的严谨性和抽象性思维。

(8)提高学生对数学学习的积极性和主动性。通过本单元的学习,学生将能够全面掌握复数的基本知识和技能,提高数学素养,为后续数学学习和生活奠定坚实的基础。

三、开放性学习环境

增加了师生互动及效果评价和学生作业展示。

第八节　课程标准模块　第二册第八章　立体几何初步

一、学情分析

师生都强化了数学建模的应用意识。

二、单元学习素养目标

1. 数学抽象

多面体与旋转体等概念的理解;棱柱、棱锥、棱台的体积公式,圆柱、圆锥、圆台、球的表面积与体积公式;平面的概念、异面直线的理解。

2. 逻辑推理

柱、锥、台、球的结构特点;三个基本事实、判断空间点、直线、平面之间的位置关系;基本事实及等角定理的应用;空间直线、平面的平行;找两异面直线所成的角,证明两条直线垂直,判定两条直线垂直。

3. 直观想象

判断空间几何体;符号语言描述点、直线、平面之间的位置关系,空间图形中点、直线、平面之间的位置关系;基本事实及等角定理的理解;探究归纳直线和平面平行的判定定理;空间图形中点、直线、平面之间的位置关系;面面垂直的定义、平面与平面垂直的性质定理。

4. 数学运算

求多面体或多面体组合体的表面积和体积,求旋转体及组合体的表面积或体积;点、直线、平面的关系;空间直线、平面的平行;求找两异面直线所成的角、求直线到平面的距离、两平行平面的距离。

5. 数学建模

通过平面展开图将空间问题转化为平面问题解决,体现了转化的思想方法;数形结合,运用棱柱、棱台的表面积和体积公式进行计算和解决有关实际问题。

三、开放性学习环境

增加了师生互动及效果评价和学生作业展示。

★知识导入

数学教学中个性品质的培养

高中阶段是青年身心发展、个性品质形成、世界观逐步确立的重要阶段。教师应帮助学生树立正确的世界观、人生观、价值观。通过教学既传授知识,又教会学生做人。高中数学是一门核心课程,它在培养思维品质,提高思维水平方面发挥着特有的作用。高中数学新教材大纲要求结合数学内容培养学生良好的个性品质,使其具有良好的学习动机、钢铁般的意志和不断追求新知、独立思考、勇于创新的学习精神。

一、启发学生的好奇心,培养数学学习兴趣

心理学研究表明,人类生来就有求知的需要。婴幼儿在无意中就可以学习许多东西,儿童有强烈的好奇心,他们会向成人提出各种各样的问题,如果这种好奇心在进入学校以后得到适当满足,就会发展为推动学生学习的持久动力。这就需要教师做到以下三点。

1. 强调注意的作用

注意分为无意注意和有意注意。无意注意受外界的刺激特征和个人自身的状态两方面因素的影响。如教师的姿势、动作、手势和讲课时语音的高低等都可以引起学生的无意注意,教师讲课是否生动、形象以及插图、幻灯片或多媒体等形式的展现都可以带动学生的注

意。有意注意受个人的间接兴趣的影响。高中生的学习更多地受他们的兴趣所支配,而他们的兴趣往往最初是由于刺激而形成无意注意,继而发展为有意注意。所以教师要强调注意的作用,采取不同的方式唤起学生的无意注意,并通过说明所学知识、技能的应用价值来保持学生的有意注意。

2. 激励正确的动机,培养兴趣

动机是一种驱策力量,是将愿望转变为行动的动力。引起动机的主要因素有三个:内部动力因素、目标引力因素及外界压力因素。兴趣是产生动机的内部因素之一。由于数学较为抽象和形式化,因而容易给人以枯燥乏味之感,培养学习兴趣就尤为重要了。心理学研究表明,兴趣能使人产生稳定而持久的注意,使感知清晰,能启发人的思维和想象,使人在学习中产生愉快的体验。所以学生学习数学的能动性大小,取决于学习兴趣的产生和保持。

学习兴趣往往受教师教学的影响,包括教师上课的方法,对学生的注意与了解程度和对学生学习的期望等方面。上课生动有趣、关心学生、赏罚分明的教师往往会引起学生的兴趣。教师对学生关心、重视,学生的学习积极性就高,学习成绩就好。反之,教师对学生不够关心或经常批评学生,学生的学习积极性差,学习成绩就会下降。

有的学生的好奇心、兴趣容易引发出来,但不能保持较久,其原因一方面是他的意志薄弱,另一方面是教师没有认识到兴趣是以学习的行动获得满足而巩固、加深的,所以要求教师要细心观察学生,适时、适当地以鼓励性语言帮助学生得到行动满足的反馈,从而使兴趣保持并转化为学习的内在动机。

3. 教学中设悬念,留有积极思维的余地

悬念作为一种学习心理机制,是由学生对所学对象的未完成感和不满足感产生的,它能激发学生的学习动机和兴趣,使学生积极感知学习对象,增强记忆力,丰富想象力,深化思维。例如,在讲"对数"一节之前,提出"给你一张厚度为 0.01 cm 的薄纸(大小任意),你知道要折多少次,顺着它的高度就可爬上珠穆朗玛峰(高 8848 米)吗?"学生没学过对数,所以不会作出答案,教师也不要盲目给出结果,需给学生留有思维空间。学生会想数学与珠穆朗玛峰有关系吗?学生会采取不同的方法,如同学间的讨论或请教教师,或查找有关资料等寻求答案。这样促进学生不断追求新知,独立思考、探索和研究。

二、重视解题教学,磨炼意志,培养创新精神

1. 在解题教学中锻炼学生意志

教学生解题是意志的教育,当学生求解那些对他来说不太容易的题目时,他学会了败而不馁,学会了当灵感出现后全力以赴,学会了独立思考、分析和解答问题。学习较差的学生在学习中没有尝尽为求解而奋斗的喜怒哀乐;意志弱的学生做事情没有持久性、稳定性,遇到小问题就退缩或者做事急躁不安,只求速度快,做事马虎。所以教师要帮助学生在学习失败中总结经验教训,同时要克服学习失败带来的失落感、自卑感等不利因素。另外,教师要设计不同难度的题目分别给不同层次的学生,使他们经过努力能正确解出。经过一段时间训练,使每个学生对自己的解题能力怀有信心。那么解数学题将成为学生非常感兴趣的事

情，数学学习也不再给学生带来心理负担，他们会主动地找题做，并细心地、顽强地求出它们的解。解题教学既培养了学生刻苦钻研的精神，磨炼了意志，又达到了一定量的思维训练。所以教师要重视解题教学以及由解题过程中反映的思维训练、意志磨炼。

2. 在解题教学中培养学生创新精神

解题教学是培养学生基本技能、提高学生独立分析解决问题能力、独立探索问题能力的主要途径，同时也是学生加深巩固所学基础知识的重要途径，也是启发学生积极思考的必要手段。解题过程是一种探索性活动，在这个活动中主要的思维形式是探索性思维，即创造性思维。创造性思维主要表现为在学习数学的过程中善于独立思索、分析和解答问题，提倡探讨与创新精神。那么如何培养创新精神呢？

（1）诱导启发是创新的开始。教师要自觉地启发学生多提问题，提问题是思考的结果，也是创新的开始。不要给学生立规矩，而且学生在学习过程中提出许多不同的看法或新见解时，教师要大力鼓励，要充分发挥其主导作用，向学生提出大量问题，让学生头脑中有问题，向学生提出挑战性问题诱导其创新。例如，有理数开方→新数无理数→负数开方→新数复数→复数开方会不会产生新数？

（2）设置新情境后创新开拓了新视野。在立体几何教学中，教师可以从游戏中让学生提出问题，通过学生思索、假设，甚至犯“错误”，教师帮助改正错误的过程达到结论。例如，让学生动手折纸做小人头。在学生吹气过程中六面体最后变成一个球面（图 4-30）。然后教师将某年理科高考题给学生。题为在球面上有四个点 P、A、B、C，如果 PA、PB、PC 两两垂直，且 PA=PB=PC=a，那么这个球面的面积是________________（图 4-31）。

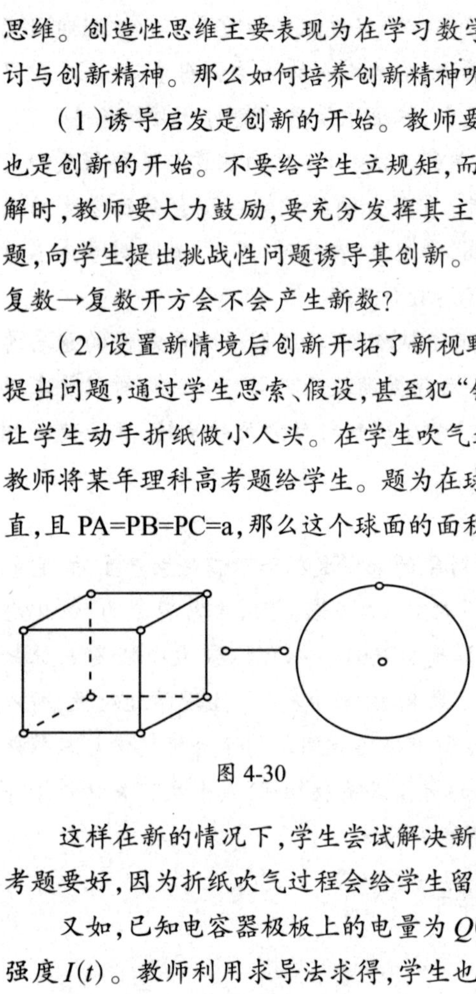

图 4-30

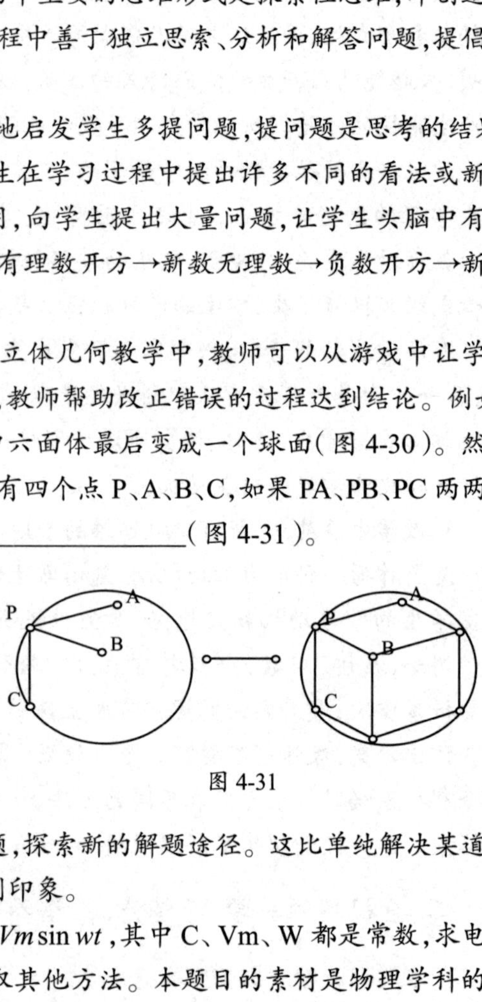

图 4-31

这样在新的情况下，学生尝试解决新的问题，探索新的解题途径。这比单纯解决某道高考题要好，因为折纸吹气过程会给学生留下深刻印象。

又如，已知电容器极板上的电量为 $Q(t) = CVm\sin wt$，其中 C、Vm、W 都是常数，求电流强度 $I(t)$。教师利用求导法求得，学生也可采取其他方法。本题目的素材是物理学科的电流强度问题，在新的素材中，教师帮助分析试题所创设的新情况，利用求导法解决，既培养了学生思维创新，又强化了各科间的相互联系和互相渗透。

再如，求 $3^n - C_n^1 3^{n-1} + C_n^2 3^{n-2} - C_n^3 3^{n-3} + \cdots + (-1)^n$，学生从直觉上判断原式为一个二项式展开式的形式。设想构造函数 $f(x) = (x-1)^n$。只需求出 $f(3)$ 即可。此题新颖之处是函数的构造，特殊值的妙用，解法的简捷活跃了思维，开阔了视野，同时培养了直觉思维。

（3）开放性试题培养了学生创造力。高中新教材中有许多习题是开放性试题，它为培养学生创新精神创造了条件。如已知数列 $\frac{1}{1\times4}$，$\frac{1}{4\times7}$，$\frac{1}{7\times10}$，…，$\frac{1}{(3n-2)(3n+1)}$，计算 S_1、

S_2、S_3、S_4,根据计算结果,对 S_n 的表达式有什么猜想?用数学归纳法证明猜想。这是一道典型的探索性试题,可以培养学生观察、比较、概括、抽象等能力,利用直觉获得猜想并加以推导证明。很多科学家的创造发现都依赖于他当初的大胆猜想。中学生的创造性想象同样有利于他们的成长。所以教师要利用开放性题目培养学生直觉思维,培养猜想能力。当然,随着探索创新必须冒风险,教师要使风险降到最低限度。如果学生猜想错误,经过严密的推导证明过程也可以改正错误。如已知双曲线 $x^2-\frac{y^2}{2}=1$,过 B(1, 1)能否作直线 L,使 L 与双曲线交于点 Q_1、Q_2,且 B 是线段 Q_1Q_2 的中点呢?说明理由。学生先假设 L 存在,经过求解可得 l 方程为 $y=2x-1$,如果学生不经过验证,那么他就会得到错误的结论。(存在 L)教师在教学中一定要强调其验证 $y=2x-1$ 与 $x^2-\frac{y^2}{2}=1$ 无解,所以正确的结论是 L 不存在。

总之,数学教学中对学生进行学习兴趣、学习毅力、学习信心、创新精神等个性品质的培养是数学学习的需要,也是我国四个现代化建设的需要,培养学生顽强意志、刻苦学习精神和创新精神是全面推进素质教育的需要。教育工作者不仅把知识传授给新一代,更重要的是培养学生的思维创新性,才能使青出于蓝而胜于蓝。

第九节　课程标准模块　第二册第九章　统计

一、学情分析

师生都强化了数学建模的应用意识。

二、单元学习素养目标

(1)数学抽象:利用简单随机抽样和分层随机抽样将总体分布具体化。

(2)逻辑推理:通过课堂探究逐步培养学生的逻辑思维能力。

(3)数学建模:利用简单随机抽样统计数据估计总体,同时提出相应的方案措施。

(4)直观想象:通过样本平均数、中位数、众数直观估计总体的集中趋势,从而解决相关的实际问题。

(5)数学运算:能够正确选择抽样方法;能够正确计算样本的标准差或方差。

(6)数据分析:通过经历提出问题—推导过程—得出结论—例题讲解—练习巩固的过程,让学生认识到数学知识的逻辑性和严密性。

三、开放性学习环境

增加了师生互动及效果评价和学生作业展示。

★知识导入

运用换位思想培养自学能力

现代建构主义数学学习观认为，数学课堂教学不是学生对于教师所授予的知识的被动接受，而是以学生已经具备的知识和经验为基础的主动建构过程，是在每个学生业已存在的不同的数学世界里，通过自身的内化重组、操作规程和交流，主动地进行建构的过程。教师的传授不应该是单纯地从书本上准确无误地搬运知识的过程，而应该认真研究学生，努力调动学生的学习积极性。教师是数学建构活动的深谋远虑的设计者、组织者、参与者、指导者和评价者。教师教得好是通过学生的学来体现的。

目前，我国许多专家学者通过实践、探索和研究，在“教师为主导，学生为主体”理论指导下，总结出许多宝贵的经验，形成了各具特色的中学教学模式，如“尝试教学模式”“自学引导教学模式”“协同教学模式”等。但教学过程的复杂多变，以及学生之间的个别差异说明了任何教学方法不能单一化、模式化、公式化。正如苏联著名的教育家巴班斯基所指出的：“每种教学方法就其本质来说都是相对的，它们都既有优点，又有缺点；每种教学方法都可以有效地解决某些问题，而解决另一些问题则无效；每种方法都会有助于达到某种目的，而妨碍达到另一些目的。”教学不仅要遵循一般的教学规律，而且要结合自身实际和学生的具体情况进行突破和创新。

笔者认为，数学教学方法要以灵活、合理为主要特征。运用“换位”思想，以学生“爱学”“会学”为核心，以学生的状态和发展规律确定教学的方法以至内容，即“以学定教”。教师作为具有特殊任务的成人，如果不能很好地摆脱一般成人角色，很容易把自己的认知规律当成学生的认知规律。因而，教师要体察学生的认知规律，研究学生学习数学的心理，这是“换位”意识的必备条件。教师要培养学生积极心理，有针对性地帮助学生克服消极心态，纠正学习的不良习惯，以满足学生的学习需要。

笔者在教学实践中，深感改善学困生的学习质量是提高教学质量的关键。今天的时代是终身学习的时代，只有培养了自学精神、自学能力，才能真正实现终身学习。教是为了不教，他教是为了自教。整个教育的核心应是自我教育，学习的核心应该是自我学习。培养自学能力是教育的重要任务。对学困生的能力的培养的一个误区是对他们的辅导辅导再辅导。好像学困生只能通过辅导才能提高他们的学习成绩。笔者认为运用换位思想培养学困生自学能力是提高教学质量的关键。

一、运用换位思想体会学困生的感受

“换位”，是教师把自己置于学生的位置去感受、思考、分析和体验问题，从而选择最合适的教学方法来处理问题。

笔者在备课时，往往总是先“备学生”。特别是新接触的学生，笔者通过背学生的名字、问卷调查、统计分析、开座谈会、个别交谈、听课等多种方法研究学生，其中，听同行的课最能直接体验到学生的感受，“听课”要学习同行的经验，更要训练“换位”的能力，亲身进行学习

体验。如笔者刚工作时,和老教师任高一年级立体几何教学,在备课上我用了别人的3—5倍的工夫,花费了很多业余时间。面对学习有困难的学生,我不知所措。常常问老教师:为什么这么简单的问题,我讲得这么明白,他们还是不清楚?为什么简单的定理,学生很快接受了,却不会使用?面对我的诸多问题,老教师的回答总是一句:想想你当学生时的情况。于是我走进老教师的课堂,重新做学生,体会到学生在立体几何、解析几何学习中的困难,掌握了突破难点的方法。在教学中有的放矢地采取不同的教学方法,突出重点,分解难点。通过重新走进课堂,亲身体会到高三学生的心情。了解学生对数学学科有什么希望和建议,了解学生群体的倾向性的看法。笔者把一些功夫花在研究学生上,备课时以"假如我是学生"的心理去思考、分析问题,确保高效率、高质量的教学。

二、建立民主和谐的师生关系,为"角色互换"做好情感准备

学生喜爱某位数学教师,往往是学生喜爱数学的重要因素。亲其师才能信其言。因此,和谐的师生关系十分重要,对学习后进生,教师决不能从思想上认为这些学生是差生。教师一定要对他们抱有信心,要以教师的崇高责任感和强烈的责任心去关爱他们,热情地关注他们,耐心地帮助他们。学习差的学生有自己的兴趣、爱好、特长,教师通过和学生积极地沟通,建立和谐的师生关系,才会真正了解学生,营造良好的数学自学学习氛围。师生之间建立了相互信任、理解、尊重的关系,有利于教师更了解学生,为"角色互换"做好情感准备。教师在数学教学中要考虑学生是如何学的,他们是怎么想的,他们的疑难是什么,他们喜欢或讨厌什么等问题。教师在教学中通过变换角色,让自己与学生处于平等的地位,和学生交流沟通,使教师在学生心目中成为可以亲近的朋友,从而形成一种无拘无束、平等融洽的课堂教学气氛,使学生有话想说,有话敢说。通过变换角色,教师与学生在思维上达到同步,使教学更具针对性、灵活性、启发性和教育性,实现知识和能力的和谐发展,发挥最佳教学效果。

三、运用换位思想培养自学能力

1. 增强信心,为学困生创造成功的机会

不少学生数学学习成绩不佳的一个重要原因就是意志薄弱。他们在解题过程中,常常怀疑自己采用的方法是否正确。这是因为他们考试屡战屡败,已经形成严重的挫折心理,对自己缺乏自信心。如何增强学困生的学习自信心?最怕的就是他们把失败的原因归到"自己智力差"上,笔者在日常教学中,会尽力为他们创造成功的机会。给学生留下思考题,学生利用课下时间,可以通过查阅辅导书、同学间讨论、请教师指点等多种形式解决。只要有一位学困生在下一次上课前解决出来,就在课堂表扬他,增强他的荣誉感和自信心。只要他体验过一次成功的欢乐,就会激起他进一步追求成功的力量。接下来,还要求他们坚持三个信念。第一个是认为自己有自学能力,第二个是有独立思考能力,第三个是有创造能力。要求他们有问题时能不问别人就先不问别人,不懂就问不一定是好习惯,应当是不懂就想、就研究,想不出来,研究不出来再问。在创造性上学困生不一定比优等生差,要让学生知道有

时创新很简单。自我学习为学困生创造了成功的机会,也为学困生创造了创新的良机。当然自学并不是不要教师,教师对他们的辅导付出的可能更大。这包括对他们学习情况的分析和对他们学习心理的分析。指导他们如何看书、指导他们如何看辅导书、指导他们如何收集资料、指导他们怎样和同学讨论与合作、指导他们如何面对学习上的困难、指导他们如何进行自我心理治疗等,这些都是提高学困生自学能力的有效的方法。

2. 严格要求,培养学困生良好的自学习惯

行为决定习惯,习惯决定性格,性格决定命运,可见习惯的重要性。要培养学生的自学能力,自学习惯相当重要。如果教师遇到问题就讲,学生的自学习惯就很难形成,自学能力就无法提高。自学习惯决定人的自学能力。比如教师在讲新课之前可适当安排一些预习作业。新课一开始做些检查或测试,这样可督促学生提前自学,这样的检查是非常必要的,如果留了预习作业但不提问不检查,这样时间一长预习与不预习没有什么两样,自觉性差的学生根本无法养成自学习惯。提问或测试时不应该过难,应当提一些概念性强的、不预习明显答不好的问题。

自学习惯是形成自学能力的关键,是形成和发展自学能力的基础和保证。让学生养成自学习惯是一个长期的过程,不可能一蹴而就 ,要靠长期的训练。形成自学习惯,需要完成这样的转变:从提问到自问,从猜想到创新。学习较差的学生,往往以对教师为中心的、已熟悉的课题表现出更强的厌烦。对做过的习题反复出现更是很难学得进去,其实他们不会做,这就需要教师换一个情境,提出一些问题,通过问题调动他们的学习积极性,使他们重视已学过的但还没有掌握的知识,通过问题的提出也能检验他们的自学效果,调控他们的自学进度。逐步让学生学会自己提出问题。例如,在讲“二项式定理”时,先让学生写出 $(a+b)$、$(a+b)^2$、$(a+b)^3$、$(a+b)^4$ 的展开式后,接着发问:“谁能从以上的式子总结出规律,写出 $(a+b)^n$ 的展开式?”

师:先找出前面 4 个展开式的规律。

生:若是 $(a+b)^n$,则每一项的指数和都是 n ,但系数的规律找不出来。

师:很好! 发现每一项中, a 与 b 的指数和都是 n ,为什么会这样?

生:(沉默、思考、动笔)用“组合”的观点可知,从 n 个 $(a+b)$ 中分别抽一个 a 或 b 组成一个项,每一项的系数可用组合数表示(非常高兴)。

师:共有几项?

生:共有 $n+1$ 项。

师:请按一定的规律顺序写出展开式。(学生板书)祝贺大家推导出了一个定理。

再如,高中数学中有很多概念比较抽象,为了帮助学生理解概念的内涵和外延,可要求学生将其数学语言写出(文字语言、符号语言、图形语言),并会由一写二。只要学生在自我学习中,自觉地将概念、定理的数学语言写出,一个学期下来,学生的记忆模块里就会有很多图式,学生就会将当前学习内容所反映的事物尽量和自己已经知道的事物相联系,并对这种联系加以认真的思考,主动去收集、假设、验证,积极建构,使知识外化。这样,学生不仅掌握了知识的内涵和外延,而且思考过程恰巧符合建构主义的意义建构。这恰恰是学生自我学

习的结果。在整个过程中,学生既养成了良好的自学习惯,也提高了自学能力。

高中数学中,几乎每道例题、每个定理、每个公式都可以引导学生自己动手完成。教师把舞台让给学生,自己退居幕侧,当导演,引导学生把每一堂课演绎成一场场攻克一座座山头的战斗。这当然比教师潇洒的一言堂难出许多,因为,教师必须在打开了闸门的学生思维的滚滚洪流中,敏锐判断,做出应对、应付自如。但学生的收获甚大,在掌握知识的同时,学会了开拓自己的思路,学会了在不断更新的探索途径上增长自己的才智与能力。

荷兰数学家和教育家弗赖登塔尔认为:"数学学习是一种活动,这种活动与游泳、骑自行车一样,不经过亲身体验,仅仅从看书本、听讲解或观察他人的演示是学不会的。"美国国家研究委员会关于数学教育的一份报告《人人关心数学教育的未来》中提到:"实在说来,没有一个人能教好数学,好的教师不是在教数学,而是能激发学生自己去学数学,教育调查提供了令人信服的证据,那就是只有当学生通过自己的思考建立起自己的数学理解力时,才能真正学好数学。"

学生在自我尝试中不仅学会思考,而且能从尝试活动本身获得成功的喜悦。学生在尝试活动中,自己初步去解决问题,然后教师根据学生在尝试过程中的难点,有针对性地进行讲解,这样在教师的引导、点拨下,学生的尝试活动是一定能取得成功的。学生在师生情感交融的过程中,把教师的激励和自身的大胆尝试融合在一起,不断地去追求尝试活动中的积极情感体验,把尝试成功作为学习源源不断的动力,因而形成"处处有成功,人人能成功"的共识,这对于激励学生学习的积极性具有重要的作用。

运用换位思想培养学困生的自学能力,首先要了解他们的思想,其次是要增强他们的自信心。改变他们原来的自我意象,保护他们的创造热情,重视对他们的学法指导,培养他们的学习习惯。实践证明,通过教师的不懈努力,绝大多数学困生的学习成绩在原来的基础上会有很大的提高。

第十节　课程标准模块　第二册第十章　概率

一、学情分析

师生都强化了数学建模的应用意识。

二、单元学习素养目标

(1)利用类比和归纳,理解样本点、有限样本空间和随机事件的含义,提升学生逻辑推理、数学抽象的数学素养。

(2)从集合的关系和运算,研究事件的关系和运算,培养学生知识迁移能力。

(3)结合古典概型,利用独立性计算积事件的概率,提高学生的数学运算数学素养。

(4)经历概念的形成及公式的探究、应用过程,培养学生观察、分析、类比、归纳的能力,培养学生自主学习的能力与探究问题的经验,提升学生数学抽象和数学建模的数学素养。

(5)通过对实际问题的探索,培养学生发现问题、提出问题、分析问题、解决问题的能力,增强学生的协作能力和交流能力,发展学生的创新意识,培养学生的缜密思维。

(6)通过自己动手、动脑、亲身体验数学规律的发现过程,培养学生勇于探索、善于发现、不畏艰难的思维品质和个人素养。

三、开放性学习环境

增加了师生互动及效果评价和学生作业展示。

★知识导入1

高中数学教学中培养学生运算能力的策略分析

一、数学运算能力的理论理解

谈到数学运算能力这一概念,可以说没有一个高中数学教师是陌生的,哪怕是最简单、最直接的概念理解,也能发现数学运算能力就是关于数学运算的能力。但是这种理解有时候容易导致教师视野狭隘,认为数学运算能力培养就是通过数学运算去培养学生的能力,容易让教师和学生者陷入题海泥淖,从可持续发展的角度来看是得不偿失的。因此,一个睿智的教师,在新高考的视野下,首先要理解关于数学运算能力最基本的理论,只有正确的理论理解,后续实践才能拥有正确的方向。

从宏观角度来看,运算能力是数学学习的基础能力,直接影响着学生的学习成绩,高中数学作为高考中重要的一门科目,对学生的运算能力、思维能力、空间能力等都有着较高的要求,而运算能力则是提升学生数学能力的基础。因此,在高中阶段,数学教师如何培养和强化学生的运算能力尤为重要。实际上,数学运算能力与思维能力以及空间想象能力同等重要——当然从学生学习历程的角度来看,数学运算能力是优于思维能力和空间想象能力的,毕竟学生从学习数学的那一刻开始发展的就是数学运算能力。对于数学运算能力,如果从广义理解的角度来看,数学运算能力就是借助对数学运算法则的理解,在运算相关数学题的过程中所表现出来的能力,其涉及学生对数学运算法则的记忆与理解,涉及学生将具体的运算情境与运算法则对应结合,当然还涉及最基本的数学计算。

这里必须强调的是,数学运算与数学计算是两个不同的概念,前者更为宽泛,而且与学生的思维能力以及数学建模能力等密切相关。毕竟数学运算的过程,除了最基本的数学计算外,还包括复杂的心理过程。这意味着对数学运算的理解必须深入微观视角,教师要认识到学生开始数学运算,大脑当中会激活与数学运算相关的诸多要素,其中既涉及原有知识和运算法则的调用,又涉及原有知识与题目情境的关系判断……只有当这些过程能够顺利进行时,数学运算才能够有效开展,学生的数学运算能力也才能在这一过程当中得以培养。

二、高中数学教学中存在的问题

1. 学生在课堂之中的积极性较差

在教学过程中，有很多学生产生厌学情绪，在课堂上的表现不够积极，教师提出问题也很难及时回答。数学是一门比较抽象的学科，因此学生要集中注意力，才能够理解教师讲解的知识，可是在课堂上很多学生无法真正集中注意力，这也使每一节课的知识都不能完全吸收。时间长了学生难免会失去学习信心。

2. 教师的教学模式过于固化

因为受到应试教育的影响，有很多教师为了尽量使学生成绩提高会利用大班式讲解方法，一位教师面对几十个学生完成讲解内容，为了将教材内容更加全面地传授出去，教师并没有按照不同学生的特点来展开具有针对性的授课，而是在大班的环境下统一完成学习，由教师"灌输式"地进行教学。这种教学方法虽然可以在一定程度上完成教学任务，可是很难让学生将知识融会贯通，也无法引导学生深入思考，这对学生的学习较为不利，无法帮助学生提升其解题能力以及应用知识的能力，很难让学生得到全面发展。

三、高中数学教学中培养学生运算能力的策略

1. 注重前期导入阶段的核心素养，培养激发学生的主观兴趣

数学题目的计算进入高中阶段，在综合性和复杂性上都更进一步增强。因此，在培养学生运算能力的过程中，教师需要在前期引导阶段就注重引导方式方法的灵活性，并且在实践引导的过程中注重融入多种不同类型的辅助工具，帮助学生更好地学习和理解相关的数学知识。

例如，在高中数学的知识内容《函数的应用》的课程教学过程中，教师就可在初步引导阶段结合函数图像的基本特征和性质，引导学生对函数知识应用的基本流程进行一定程度的把握。在此基础上，促使学生感受到函数知识在应用时的形象性和生动性，激发学生借助函数知识解决实际计算问题的主观兴趣。在具体应用辅助工具的过程中，比较常见的交互式电子白板以及多媒体平台，都可以帮助教师用更加直观的方式对不同类型的函数图像进行展示，并且立足于图像的应用提出相应的数学题目，让学生首先产生解答数学题目的主观兴趣，为核心素养的培养奠定基础。

2. 注重数学思想方法的教学，赋予运算技巧以灵魂

高中数学运算技巧很多，包含公式、法则及定理的顺用、逆用、式运用、化整为零、集零为整、恒等变换、配方、换元、借助参数等，是数学思想方法的具体体现。可以说训练学生的数学运算技巧的过程也是培养学生数学思维的过程，要经过长期艰苦的训练，才能达到良好的效果。反之，数学思想方法又指导着运算技巧的运用，掌握数学思想方法有利于学生看到数学问题的本质，使得学生能灵活运用技巧解决问题，从而达到推理、运算更简捷的目的，所以数学思想方法是运算技巧之灵魂，教学中要引起足够的重视。

3. 在课堂中培养学生的解题习惯

在课堂教学的过程中，教师需要着重培养学生的理解能力，让学生能够拥有更加正确的解题习惯，从而使其解题能力有所提升。在教学的时候，教师可以在课堂上利用提问的方法来进行考核，了解学生在解题过中经常出现的一些思维误区，通过指导，让学生能够建立解题思维，从而完成思维教学。当然，也可以通过随堂测验的方式使学生能够锻炼解题速度。数学解题是一个相对较为严密的过程，随堂测验可以让学生养成更加良好的习惯，并且在教学的过程中，教师也可以适当地鼓励学生，让学生养成自信心。很多学生惧怕数学主要是因为自信心有所不足，教师要尽量鼓励学生，让学生建立自信，从而帮助学生提升解题能力，这对学生的未来发展是非常有利的。

4. 注重教学实践环节的活动组织及现代化教学手段的运用

在培养数学运算思维能力的过程中，组织具有实践性的、解决具体数学问题的活动，对于提升学生的运算思维培养效果也具有非常典型的促进作用。对于学生来说，能够立足于实践活动，使其感受到运算思维能力有利于数学核心素养培养。

相比较来说，高中数学课程比初中阶段逻辑性更强，也更加具有理论性。教师需要化抽象为具体，让学生在学习过程中更加容易理解，而多媒体设备作为教师常用的现代化教学手段，能够很好地实现这一点。结合现代化信息环境，充分利用教学资源来提高数学教学的有效性，通过把数学知识更直观地展现给学生，来提高学生听讲兴趣，加强学生自主探索意识。学生通过直观学习数学知识点来理解数学理论真谛，才能有效地使用知识点解决问题。

综上所述，提升高中生的运算素养非常重要，不仅有助于全面提升学生数学核心素养，还有助于提升数学教学质量和效果。在教学的过程中，教师需要让学生拥有更加专业的解题思想，尽快完成审题过程，抓住题目中的一些关键词，迅速确定解题思路，并且使用先进的解题方法，使其能够迅速地完成解题任务。

★知识导入 2

基于深度学习的高中数学建模和数学探究单元教学设计

一、问题的提出

高中数学建模和数学探究来源于义务教育阶段的“综合与实践”。“综合与实践”是一类以问题为载体、以学生自主参与为主的学习活动。数学建模和数学探究与其一脉相承，是在义务教育阶段学习的基础上提出了课题研究这一新的研究方式，这为学生将来进入大学阶段进行科研课题研究奠定坚实的实践基础。

高中数学建模和数学探究学习内容与其他章节有所差别，它贯穿学生数学学习的全部过程，以数学建模和数学探究为主题的单元教学设计不能仅以学会某些知识为目标，而应引导学生运用和掌握一些科学研究的方法，并体会学习过程中的数学思想。

数学建模和数学探究在学习设计、学习实施、学习评价等方面均存在一定的困难，需要在情境设置、学习方法、评价方式等方面整体进行单元教学设计，基于深度学习理论在不同的年级进行教学实践，帮助学生实现数学核心素养的螺旋式上升。

二、设计的目的与意义

构建数学建模活动和数学探究活动的单元设计有助于数学建模和数学探究教学的有效实施。实施课题研究对于高中生较为陌生，已超出其认知水平，需要循序渐进。教师要合理设计课题研究的每一个环节，整体规划和实施一个长期的研究过程，这就需要单元设计。

构建数学建模活动和数学探究活动的单元设计，是以深度学习为路径，培养学生数学核心素养的有效方式。每一个问题都是对学生数学素养和实践能力的挑战。课题研究的一系列的过程都符合深度学习的特征，基于深度学习的教学策略为落实数学核心素养提供了路径。

构建数学建模活动和数学探究活动的单元设计，是实现课程思政的重要路径。活动的选题与实际生活紧密联系，渗透数学文化，应该充分挖掘其育人功能，深度发挥课堂主渠道的育人作用，学习过程中自然而然地进行主流价值引领。充分提炼课程中蕴含的文化基因和价值范式以及德育元素，融入理想信念层面的精神指引。

三、深度学习与单元教学设计

深度学习的理念最早源于人工神经网络研究，应用于教学的深度学习始于 1976 年，瑞典哥德堡大学教育学院教授马飞龙和罗杰·塞里欧基于对学生学习过程的研究，发表了《学习的本质：结果和过程》一文，对于深度学习和浅层学习这两个相对的概念进行了阐释和辨析，如今我国学者郭华定义的深度学习概念被普遍认可。

单元教学设计中，特别提出北京大学附属中学高级教师张思明博士的一些观点，他认为建模和探究的教学核心操作理念包括以下几点。

(1)让学生动起来，自己做数学、学数学、用数学。

(2)让学生联系生活，积累应用数学解决实际问题的经验。

(3)让学生体验建模和探究的完整过程，感受数学的“源”与“流”和价值。

这些想法与深度学习不谋而合，但是对于不同的学生的数学建模和数学探究应该有不同的要求和教学方式，没有一种单元设计是适合所有学生的，基于学情的不同，教师的参与程度应有所不同。

四、单元教学设计中深度学习理念的体现

1. 深度学习强调建构创新

深度学习来源于建构主义的理念，充分发挥学生的主动性，体现教师对于关键环节和关键步骤的引导作用，两种活动中学生都是课题研究的主体，每名学生都参与其中，都是学习的主人。教师在学生认知建构的过程中搭建必要的脚手架，促使学生打破已有的认知平衡，

建立新的认知图式,在新的情境和问题中实现认知重构。

2. 深度学习鼓励深度参与

在单元教学设计中要强调学生是带着自己的认知能力和经验去学习的,找准学生的生长点,有意识地进行知识的转化和迁移,尊重每个学生的个性化需求,实现因材施教。深度学习是以发展学生终身的理解力、能力、素养等方面为侧重点的,更加适合新时代下学生的特性。

3. 深度学习突出过程评价

对深度学习进行评价,要看在学习过程中学习者是否表现出如下特征:观察和发现情境中的数学问题、采用积极主动的学习方式、体现数学的"四基""四能"、打破原有的认知平衡、具有独立的数学思考、进行严谨的逻辑推理和数学运算、获得成就感和自豪感、符合社会主义核心价值观等。

五、单元教学设计

数学建模与数学探究主题单元设计

(一)内容与内容分析

1. 内容

数学建模活动、数学探究活动,单元知识结构如图 4-32 所示。

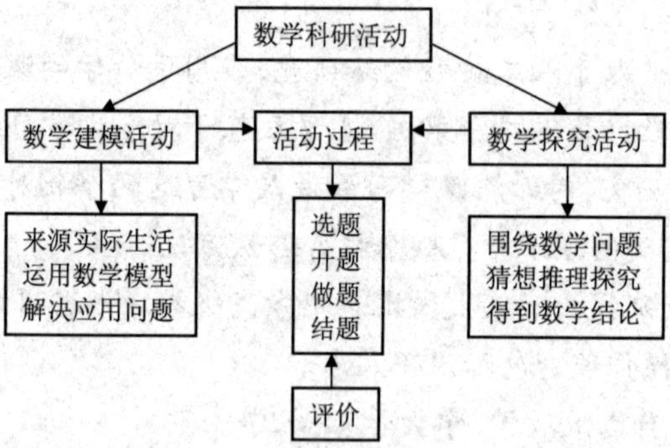

图 4-32

2. 内容解析

数学建模活动与数学探究活动的共同点为研究课题,而且两者贯穿于必修和选择性必修的课程内容之中,有一定的连续性和延展性,学生根据能力的不同可分别进行 1 个或 2 个课题研究。两者由于实际教学过程相似,因此共同进行单元教学设计。

数学建模活动与数学探究活动也有很多的不同。从问题的来源看,数学建模的问题来源于实际生活,而数学探究问题出自数学知识本身,这也是推动数学几千年发展的两个重要动力即"生产生活挑战"与"数学自身发展"。从研究过程看数学建模往往需要实验环节,如收集数据、数据分析等,而数学探究突出猜想、推理、论证的过程;从研究结论看,数学建模是利用某一数学模型来解决生产生活中的问题,数学探究更多的是证明一些数学猜想或结论成立或不成立。

(二)目标与目标解析

1. 目标

(1)经历两种活动的全过程,收集资料、处理问题、形成研究报告或撰写数学小论文,在班级进行报告和交流活动。

(2)研究报告和数学小论文开展小组评价,邀请学科教师、校外专家、部分家长等进行共同评价,通过反思研究过程形成初步的科学研究经验。

(3)研究报告和数学小论文应纳入学生综合评价体系,成为大学录取的参考和依据。

(4)学生初步体会科学研究的客观性、验证性、系统性,培养严谨作风、探索精神和创造能力,发展理性思维、批判质疑、勇于探究等核心素养。

2. 目标解析

实现上述目标需理解教学内容的学科价值。数学模型就是数学的语言,数学模型使得数学回归于外部世界,构建了数学与现实世界的桥梁。在现代社会,几乎所有的学科在科学化的过程中都要使用数学的语言,除了数学符号的表达之外,主要是通过建立数学模型刻画研究对象的性质、关系和规律。数学探究是数学发展的重要研究方式,用已有的结论对于未知问题的猜想、推理、论证,促进了数学的不断完善和发展,是未来学生学习数学的主要方式。

(三)教学问题诊断分析

1. 注重两种活动中课题研究的过程

(1)根据实际生产生活情境发现和提出数学问题,体现出数学概念和定理的运用。

(2)研究过程中注重逻辑推理的严谨性,减少结论误差。

(3)反思研究过程,大胆提出猜想,不断尝试改进课题研究。

(4)运用课题表格,研究过程清晰准确,同伴协同克服困难。

2. 激发学生进行课题研究的兴趣

学生置身于一个生活情境或数学情境,积极地去参与、去体验。教师应鼓励不断创新的研究方式,指导学生利用信息技术,为学生提供展示平台,提升学生研究的收获感,从而提升数学学习的兴趣。

3. 本单元的难点

(1)能用数学的眼光观察世界,发现数学建模问题或数学探究问题。

(2)经历、熟悉数学建模活动和数学探究活动的一般过程,在过程中运用数学思考和表达解决问题。

(四)教学支持条件分析

两种活动课程需要学校在软硬件方面给予必要的支持,在有条件的情况下可以建设数学实验室,配备计算机、图形计算器、stem课程设备等。指导学生进行建模活动时可以充分利用学生现有的设备,多种手机软件可以提供统计、测量、计算、作图等技术支持,教师应予以指导和帮助。充分利用学校已有的硬件设施,如物理实验室、生物实验室、图书馆和电子阅览室等,发现可以使用的实验仪器或资料查询的场所。

(五)教学过程设计

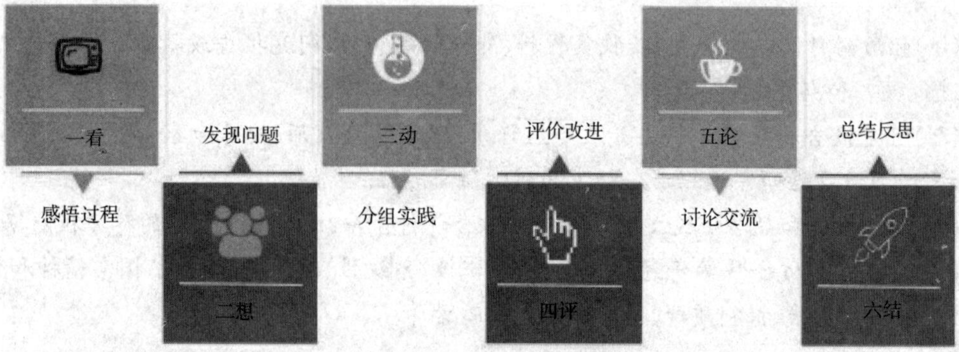

图 4-33 教学过程设计图

数学建模活动和数学探究活动需要学生逐步了解课题研究的过程,基本过程概况为六步:一看、二想、三动、四评、五论、六结(见图 4-33)。不同的步骤对应相应的课时,根据各个学校不同校情、学情以及活动内容、课题复杂程度调整课时。

"一看"。在进行两种活动之前,让学生先观赏一个数学建模或数学探究的实例,初步了解学习过程。通过学科兴趣小组,拍摄一个数学建模或探究的教学视频,学生演示完整的课题研究过程,使全体学生对两种活动有一个直观的印象。教师重点讲解三个问题"如何从情境中提出问题""课题的主要研究过程""体现的数学知识"。教师提出一个课题清单或引导学生选择一个感兴趣的主题,思考其中的建模问题或探究问题。

"二想"。结合学生在情境中提出的课题进行班级交流。该环节的本质就是选题,是研究的关键一步,教师应有意识地引导学生用数学的眼光观察世界。教学形式主要是学生交流讨论,教师进行点评。根据选题确定研究小组, 3 至 4 人(建议原则为 3 人)为一个小组,具体分工组长 1 人、活动记录 1 人、实践管理 1 人(或 2 人),由组长负责小组协同。

"三动"。教师指导学生进行数学建模活动和数学探究活动。教师应关注两个问题,一为课题研究报告的运用,二是小组成员的分工协作。小组长负责课题研究全程的管理;活动记录员负责全程的研究记录、文字整理并填写表格;实践管理员负责具体的实施环节。教师应对各个岗位进行指导和帮助,利用课时或课余时间由学生准备各项研究活动。

"四评"。教师收取各个小组的课题研究报告进行审阅,根据学生的完成情况指导运用量表进行各种评价,解答学生提出的研究问题,同时对于实践不充分的课题提出一些新的建议。

"五论"。选择合适的时间召开小组展示会,由各组学生介绍自己的研究情况,其他组成员讨论并提出问题,小组成员进行答辩。也可以邀请校外专家、学科教师或部分家长参与展示会进行观摩或点评。

"六结"。教师根据学生的互评打分情况,对各小组进行打分,综合评定学生的表现。将学生的课题研究报告、评价表等纳入学生的综合评价档案,完成数学建模活动或数学探究活动。

（六）评价建议

在两种活动的课题研究评价中，既关注学生的个体活动，也关注学生在小组活动中的表现，鼓励积极参与的态度。评价中注意一些关键环节，例如，学生对于陌生问题情境的认知表现，学生是否经历了探索数学关联、发现数学问题、选择数学模型、完善模型结构、还原问题结论、说明结论意义的全过程，是否在研究报告和小论文中阐明提出问题的依据、解决问题的思路、得到结论的意义，能否在研究活动中持续遵循学术规范，坚守诚信底线。

六、结语

基于深度学习的单元教学设计，有助于学生课题研究能力和水平的渐进式增长，有助于教师在教学中简洁、有效地开展两种活动，有助于改进现有的教学模式，推进数学教学改革的深入实施。深度学习背景下的数学建模与数学探究单元教学设计注重的是“三思”，即思考、思维、反思。良好思维习惯的培养蕴含在课题研究的各个环节中，数学建模与数学探究是形，数学思维是魂，单元教学设计使其融为一体，在深度学习的理念下实现学生思维的发展，点燃学生的思维之火。

后记

数学教师专业化成长是目前数学教师发展的一个重要论题，人们已经深刻地认识到，在提高教师地位的整体政策中，专业化是最有创造性的中长期政策。凡谈及发展首先关注的是教师，关注学校是否具有一支高素质的教师队伍，关注教师的专业发展。新课程对教师的知识结构、思维方式和教学水平提出了多样化的要求，随之也要求提升教师专业发展的层次。在这种情况下，如何科学、有效地引领和促进广大教师的专业化发展，就成为当前教育发展中关键性问题之一。

教师专业发展需要有效的抓手，作为课改重要变化的核心素养成为我们研究的切入点。学生核心素养的提升、丰富完善到最终实践落实，需要来自教师的努力。教师是影响核心素养落实的重要因素，在学生核心素养的发展过程中扮演着转化者的重要角色。为了将核心素养融入实际的教学过程中，需要基于核心素养加强对教师专业发展的引领。引领教师走上专业发展的道路的基本路径为：以学校的办学特色为基础，确定发展目标，制定发展策略，按需施教，按需培养，专家引领，竞赛促进，在不断的反思中分阶段成长。在各个学校针对青年教师进行系统的培训，将最新的研究成果进行实践，既促进青年教师的专业发展，又不断丰富我们的研究成果。我们的研究为实践研究，边实践、边总结、边反思、再实践，在不断往复的过程中每一名课题组成员都收获颇丰。我们的研究与新课程的落实紧密地相结合，通过我们课题组的工作，六个高中数学学科核心素养已深入人心。一线教师已经可以在日常的教学中初步体现出核心素养的培养，逐步体会到新课程与原有课程的区别和联系，有意识地创设问题情境引导学生主动、合作、创造性地学习数学，形成了一批案例，在全区范围内得到推广。通过课题研究，发掘和培育一批面向21世纪的骨干教师，通过其示范和表率作用，带动教研组整体素质的提高。

在大家的共同努力下，我们取得了超预期的成果，笔者作为课题负责人也收获颇丰，在实践反思再实践中，自身素养得到了很大提高。本课题组从2021年1月开始以来，召开了19次研讨会，经历了深度学习、数学建模课程思政建设的培训学习，必修一、必修二单元教学设计的实施，中期检查及成果汇报；必修一、必修二单元教学设计的再次实施及反思，逐步形成了具有我区特色的思品教学目标达成的单元教学设计。深度学习背景下的数学建模的开展对教师提出了新的发展要求，数学建模促进深度学习与数学学科核心素养之间的联系，对教师而言，很多问题都是全新的，于是教师要学习、要反思、要交流、要查资料、要思考。数学建模不是一个人在短时间内就可以完成的，需要团队的合作，在发展学生数学学科核心素养的视野下力求找到切实可行的“合作学习”教学思路和可操作的方法，引领一线教师由前沿理论向课堂实践的转变。实验教师不断摸索、不断调整、不断总结，引导学生学会用数学的眼光去看待世界，为适应个人终身发展和社会发展需要的必备品质和关键能力做好铺垫。

团体成员之间的交往更为频繁,相互帮助、相互鼓励,每一名成员都更大程度地感受到被尊重和被其他成员所接纳,因此使得团队成员在完成任务的过程中更为积极,成就水平也提高得更快。根据新课程改革后的实施新教材的契机,深入挖掘教材内涵,因人而异,因材施教,在完成课堂学习的基础上实施数学建模的学习,探索适合数学建模的章节或学习内容,培养学生发现问题、解决问题的能力,培养数学建模这一核心素养。信息时代的学习已经超越了学科课堂,学习的方式和内容已经高度生活化、社会化,合作学习不仅是学生之间、师生之间的合作,也包括社会信息的融合。合作学习过程中,不仅要建立人与人之间的密切联系,还要把身边的学习资源和现代技术运用到极致,让身边的一切都服务于学习和发展,形成大合作的基本思想。我们的研究重在以图形计算器为技术条件进行合作学习模式的数学建模活动,力图在我们这样一所普通高中建立一个实践模版。我们将录制课程和教学素材供广大教师在教学中参考,我们将提供详细的实践案例说明使数学建模教学简单易行,为更多的学生提升数学建模素养提供帮助。

与此同时,我们课题组的成员们也获得了很多成果和收获,为天津市河东区教师专业化发展提供了一个平台,培养出了一批优秀教师,得到了专家领导们的一致好评。借此机会,向给予我们课题组帮助的同人们道一声谢谢!

编者

2024 年 5 月

参考文献

[1] 高德毅,宗爱东. 课程思政:有效发挥课堂育人主渠道作用的必然选择 [J]. 思想理论教育导刊,2017(1):31-34.

[2] 中央宣传部(国务院新闻办公室),中共中央文献研究室,中国外文局. 习近平谈治国理政:第二卷 [M]. 北京:外文出版社,2017:376-378.

[3] 中华人民共和国教育部. 普通高中思想政治课程标准(2017 年版 2020 年修订)[M]. 北京:人民教育出版社,2020:1.

[4] 中华人民共和国教育部. 普通高中数学课程标准(2017 年版 2020 年修订)[M]. 北京:人民教育出版社,2020:2-3.

[5] 郭华. 深度学习及其意义 [J]. 课程·教材·教法,2016,36(11):25-32.

[6] 杰克逊. 数学之旅 [M]. 顾学军,译. 北京:人民邮电出版社,2014:49.

[7] 吕亚男. 从数学文化视角探讨高等数学与课程思政的有机融合 [J]. 西部学刊,2019(4):97-100.

[8] 邓翰香,吴立宝. 课程思政融入数学教育的路径探索 [J]. 教育科学论坛,2020(34):50-53.

[9] 李文林. 数学史概论 [M]. 北京:高等教育出版社,2002:100-101.

[10] 李文钰,于秀丽. 高中课程思政研究浅谈 [J]. 经济师,2021(2):198-199.

[11] 邱伟光. 课程思政的价值意蕴与生成路径 [J]. 思想理论教育,2017(7):10-14.

[12] 王尚志. 胡凤娟. 基于数学核心素养的教学要点 [J]. 上海课程教学研究,2017(4):3-8.

[13] 顾沛. 数学文化 [M]. 北京:高等教育出版社,2008:5-8.

[14] 何克抗. 大力倡导与推行“中国特色信息化教学创新理论”[J]. 中国教育科学(中英文),2020,3(1):45-54.

[15] 陈华栋,等. 课程思政:从理念到实践 [M]. 上海:上海交通大学出版社,2020:167-168.